葡萄酒知识与侍酒服务

李绮华 主编

广东旅游出版社
GUANGDONG TRAVEL & TOURISM PRESS
悦读书·悦旅行·悦享人生

中国·广州

图书在版编目（CIP）数据

葡萄酒知识与侍酒服务 / 李绮华主编 . — 广州 : 广东旅游出版社 , 2020.7
ISBN 978-7-5570-1990-7

Ⅰ . ①葡… Ⅱ . ①李… Ⅲ . ①葡萄酒—品鉴 Ⅳ . ① TS262.6

中国版本图书馆 CIP 数据核字 (2019) 第 168097 号

出 版 人：刘志松
责任编辑：官 顺 俞 莹
供 图：摄图网 李绮华
装帧设计：谭敏仪 陈小敏
责任校对：李瑞苑
责任技编：冼志良

葡萄酒知识与侍酒服务
PUTAOJIU ZHISHI YU SHIJIU FUWU

广东旅游出版社出版发行
（广州市越秀区环市东路338号银政大厦西楼12楼）
邮编：510060
电话：020-87348243
印刷：深圳市希望印务有限公司
　　　（深圳市坂田吉华路505号大丹工业园二楼）
开本：787毫米×1092毫米　16开
字数：220千字
印张：12.5
版次：2020年7月第1版第1次印刷
定价：45.00元

图①—⑥分别为：转色期的赤霞珠；秋季采收后的黑皮诺；法国波尔多葡萄；帕诺米诺葡萄；转色期德国葡萄；成熟期德国红葡萄

葡萄的生长：春季发芽（图①）；夏季结果（图②）；秋季收获（图③）；冬季休眠（图④）

葡萄树（图①）需要通过修剪控制树形大小，如双臂短枝修剪（图②）、VSP 整形（图③）、长枝修剪（图④）等

分离开的葡萄皮与葡萄籽（图①）；排空自留酒后等待压榨的葡萄（图②~⑤）

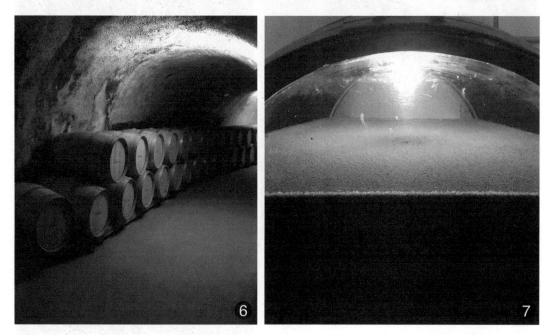

图⑥：葡萄酒在橡木桶中进行陈酿　　　　　　　图⑦：生物陈年形成的酒花

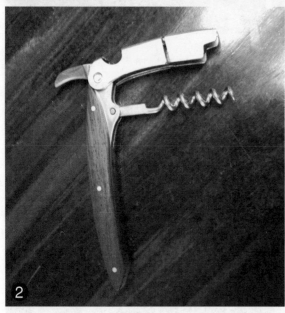

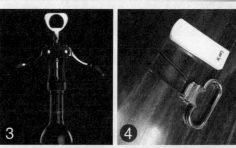

图①：各式醒酒器

图②：开酒器之侍者之友

图③：常见开瓶器

图④：老酒开瓶器

图⑤：老年份波特酒专用开瓶器——波特钳

常见的葡萄酒酒杯：波尔多杯（图①）；白葡萄酒杯（图②）；香槟杯（图③）

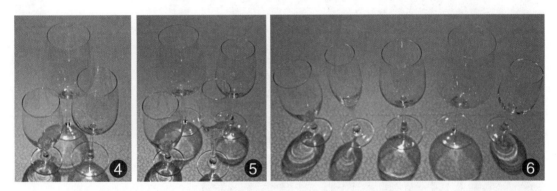

葡萄酒酒杯的摆放方式：三角形摆放（图④）、矩形摆放（图⑤）、直线形摆放（图⑥）

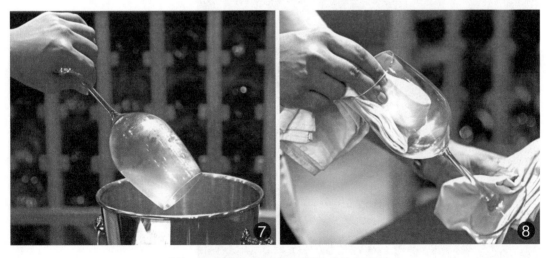

葡萄酒酒杯清洗步骤之浸泡（图⑦）与擦拭（图⑧）

图①：德拉福斯红宝石波特酒
图②：加利福尼亚霞多丽葡萄酒
图③：葡萄酒酒标
图④：德国葡萄酒VDP标志

My first love with Pinot Noir

"God made Cabernet Sauvignon, whereas the Devil made Pinot Noir."
— Andre Tchelistcheff

"上帝创造了赤霞珠，然而魔鬼创造了黑皮诺"
— Andre Tchelistcheff

	Bottle
Domaine Faiveley Bourgogne Pinot Noir, France	520
法莱丽勃艮第黑红	
Maison Leroy Bourgogne Pinot Noir, France	980
勒桦酒庄勃艮第红	
Gros Frere Et Sœur Bourgogne Hautes Cotes de Nuits, France	780
格罗奖杯布根地红	
Dugat-Py Gevrey Chambertin 2008, France	2980
杜嘉佳庄园吉菲香贝天红	
Domaine AF Gros Vosne-Romane, France	2680
格罗源女华罗曼丽红	
Domaine AF Gros Chambolle Musigny 2008, France	2680
格罗源女鲁波密丝尼红	
Gros Frere Et Sœur Echezeaux Grand Cru 2014, Vosne-Romanee, France	3680
格罗奖杯依修娜斯特级园红	
Domaine AF Gros Richebourg Grand Cru 2004, Vosne-Romanee, France	9999
格罗源女丽旗镇特级园红	480
Port Philp Pinot Noir, Mornington Penisula, Australia	980
菲利普港黑皮诺	
Stefano Lubiana Estate Pinot Noir, Tasmania, Australia	1380
意塔芬庄园黑皮诺	
Paradigm Hill L'ami Sage Pinot Noir, Mornington Penisula, Australia	
帕丁山拉米智者黑皮诺	

图①：五星级酒店西餐厅的酒单
图②：侍酒师点单服务
图③：侍酒师展示葡萄酒
图④：开酒前，侍酒师先用洁净餐布擦拭瓶身
图⑤：侍酒师为客人倒酒

前言

现今的中国葡萄酒市场进入了一个高速发展的阶段，消费者的大量需求，吸引了来自全世界葡萄酒生产国的目光，各大葡萄酒生产国及世界知名产区先后在中国设立代表处，并每年在各主要城市轮番举办专业化的品酒会。为此，培养葡萄酒文化教育者、葡萄酒侍酒师、葡萄酒销售人员等大批的专业葡萄酒行业人才显得尤为迫切。从人才培养的角度出发，结合各编委多年从事葡萄酒教育以及葡萄酒服务工作的经验，我们编写了本教材，既可作为中高职旅游管理及酒店管理专业师生学习、教学的通用教材，也可供从事葡萄酒贸易与服务的专业人员学习与参考。

本教材主要具备以下几个特点：

1. 知识内容全面性强。通过本教材的学习，可以让零基础的学生及葡萄酒爱好者掌握较为完整的葡萄酒知识体系，达到任职葡萄酒销售、高档餐厅侍酒师助理所必备的知识基础，为进阶下一个层次做好准备。本教材较为全面地介绍了与葡萄酒有关的各种知识，包括葡萄的分类，新旧世界葡萄酒产区的历史和风土特质，各国与葡萄酒相关的法律法规，各主要产酒国的主要菜式餐酒搭配及主要葡萄酒配餐实践，葡萄酒的品鉴技巧等。此外，本教材还介绍了葡萄酒的侍酒流程、销售方式以及酒单设计、酒会管理等。

2. 行业应用性高。本教材是面向"识酒""品酒"和"侍酒"三个行业细分领域中的应用技能编写的。当学生和读者看完这本书后，拿起一瓶酒，便可以读懂酒标上的相关信息：这瓶酒来自哪一个产区？它属于哪一个级别？这是"识酒"。之后，学生和读者还可以通过书中所展示的观色、闻香和品鉴的方法逐一了解这一款酒的特性。这是"品酒"。最后从事服务业的人员还能用书中所教的方法，根据客人所点菜式为其推荐最适合的葡萄酒，并以最恰当的方式为客人做好葡萄酒侍酒服务。这是"侍酒"。

3. 全书趣味性足。本教材设定了小马、小李等几位餐厅服务员的角色，以他们学习葡萄酒知识并逐步成长为餐厅侍酒师的故事为线索，吸引学生和读者不断深入阅读学习。并在每一章节后提供了延伸阅读文本，帮助学生和读者在生动的故事中挖掘葡萄酒的文化内涵。同时，本教材还将部分知名产酒国的国家简况、葡萄酒历史、著名景点介绍等内容有机结合在一起，让学生和读者在学习葡萄酒文化的同时"游历"各国风光。

在编写过程中，编委们参阅了国内外众多学者的研究成果以及网络资料，由于文献之多无法一一列出，在此，谨向所有让我们获益良多的专家与学者致以真诚的谢意！同时也对为本教材提供图片的各位葡萄酒专业人士表示感谢！由于本教材编者能力有限，书中疏漏和不足之处在所难免，恳请同行专家及读者予以指正。

编者

2019年12月

目录
CONTENTS

模块一

葡萄酒知识

项目一
葡萄种植与
葡萄酒酿造

活动1 世界葡萄酒产区简介

【学习目标】

1. 了解葡萄酒的旧世界和新世界。

2. 了解葡萄酒的分类。

【情景模拟】

14:30，五星级酒店西餐厅刚刚结束午餐服务。资深员工小马正在和餐厅经理兼侍酒师李经理聊天。

小马："经理，您看我们下午有两个小时的空余时间，不如您教我们一些知识吧。"

李经理："那你们想学什么呢？"

小马："日常的西餐服务当中，客人总会要求我们根据他们点的菜推荐一些酒水。但除您以外，我们推荐的酒水客人都不太满意，有时他们问的一些关于酒的产地、特点等等问题我们也都回答不上来。要不，您教我们学习一些葡萄酒知识吧。"

李经理："好啊，我正想培养几位资深员工成为我们餐厅的助理侍酒师，正好你们也有这个想法，那么我们每天下午抽出一个小时的时间来学习葡萄酒知识吧，可不准偷懒哦。"

小马："没问题，我们一定认真学，我再多找几位有兴趣的同事吧。"

李经理："那么，小马，你叫上小麦和小李，今天我们就开始吧。"

欧洲、亚洲、非洲、南北美洲及大洋洲的许多国家都有规模化的葡萄种植和酿酒工业。世界上生产葡萄酒的国家大都分布在北纬30°～50°以及南纬30°～50°之间。客人点餐的时候，侍酒师常常会被问及某款酒是来自新世界还是旧世界。究竟新世界和旧世界的葡萄酒有什么不同呢？接下来就让我们来了解基本的葡萄酒产区知识吧。

【相关知识】

一、葡萄酒产区的分布

1. 旧世界葡萄酒

所谓"旧世界"，指的是欧洲传统葡萄酒酿造国，主要有法国、意大利、德国、西班牙、葡萄牙等多个国家。旧世界的葡萄酒生产与酿造拥有悠久的历史和尊贵的传统，注重精耕细作，多数采用人工耕种，产量少而精。此外，他们有着严格的葡萄酒等级标准，其中尤以法国葡萄酒分级制度（AOC）最为经典。酒瓶信息多以出产国文字标注，并以产地信息为主，较少直接标示出葡萄品种。

法国 法国是世界葡萄酒大国，波尔多的列级名庄早在几百年前已经畅销海内外，勃艮第名酒更是全世界贵族和富豪们都争相购买的酒。人们通常用这句话来形容法国葡萄酒："全世界喝波尔多的酒，法国人喝勃艮第的酒"。

意大利 意大利是世界上唯一一个全国每个省份都种植葡萄的国家，可用以酿酒的葡萄品种众多，是世界葡萄酒出口量第一的国家。

西班牙 西班牙是世界上葡萄种植面积最大的国家，以丹魄（Tempranillo）葡萄品种和橡木桶长时间陈酿工艺而闻名于世。著名的加强酒——雪莉酒（Sherry）即出产于西班牙南部。

德国 德国是世界著名的白葡萄酒生产国，更是冰酒、甜白葡萄酒的故乡，雷司令是其招牌品种。

葡萄牙 葡萄牙是波特酒（Port）的生产国，它是英国贵族们最爱的加强酒。

2. 新世界葡萄酒

所谓"新世界"，通常指的是欧洲以外的葡萄酒出产国，包括美国、新西兰、阿根廷、智利、澳大利亚、南非和中国等国家。新世界葡萄酒的生产历史相对较短，多以机械化生产为主，亩产限量较为宽松，因此产量较多。新世界葡萄酒的酒标信息简单明了，多以英文标注生产国家、产地、品种和年份，较易辨识。

澳大利亚 澳大利亚阳光充足，土壤矿物质丰富，拥有不受污染的天然环境，能种出世界上最好的葡萄。南澳巴罗萨谷的西拉子葡萄酒在世界上最为知名。

新西兰 新西兰的气候干爽清凉，日照时间长，白葡萄酒占其葡萄酒总产量的85%以上。新西兰以马尔堡产区的长相思葡萄酒而闻名，被葡萄酒大师杰西斯·罗宾逊（Jancis Robinson MW）誉为全球最能体现长相思品种特性的产区。

智利 智利有着非常优秀的葡萄酒种植环境，白天的日照时间很长，夜间温度又足够低，加上葡萄生长期气候干燥，很少虫害，具备葡萄成熟的最理想条件。智利以出产大量价廉物美的葡萄酒著称。

美国 美国的葡萄酒产区集中在太平洋沿岸的加利福尼亚州、俄勒冈州和华盛顿州,其中加州葡萄酒在产量和知名度上都占有绝对优势,最著名的产区是纳帕谷。

3. 新旧世界葡萄酒对比

	旧世界葡萄酒	新世界葡萄酒
葡萄酒特征差异	酒体轻盈	酒体饱满
	果味含蓄	果味奔放
	酒精度较低	酒精度较高
酿酒工艺差异	酿酒受到严格的限制	葡萄酒和酿酒师都体现着企业家精神
	酿酒方法传统	酿酒方法创新
	多个世纪以来都以同样的方式酿酒	注重实验得出的新方法和新技术
	酿酒师遵循旧的标准	酿酒师利用现代先进的技术

二、葡萄酒的分类

葡萄酒的种类繁多,接下来将按几种分类方式介绍不同类型的葡萄酒。

1. 按颜色分类

红葡萄酒 即我们俗称的"红酒",红葡萄酒中的红色是由红葡萄皮中的色素萃取出来而获得的,会呈现出紫红、宝石红和石榴红等不同颜色,并具有一定的单宁涩感,适合在摄氏18℃的室温下饮用。

白葡萄酒 主要是用白葡萄去皮以后酿造而成,白葡萄酒呈现出浅柠檬黄、柠檬黄和金黄的色泽,需要冰镇后饮用。

桃红葡萄酒 也被称为玫瑰红葡萄酒,酒液颜色呈现出桃红色,是一种适合新鲜饮用的葡萄酒,需要冰镇后饮用。夏天的海边是桃红葡萄酒最理想的饮用场景。

2. 按二氧化碳含量分类

静止葡萄酒 在20℃时,二氧化碳压力小于0.5个大气压的葡萄酒,被称为静止葡萄酒。简单来讲,就是不冒泡的葡萄酒,我们在市面上见到的绝大多数的葡萄酒都是静止葡萄酒。

起泡葡萄酒 在20℃时,二氧化碳压力等于或大于0.5个大气压的葡萄酒,被称为起泡葡萄酒。酒液里含有的二氧化碳气体,为起泡葡萄酒带来了鲜活的香气和跳跃的口感。这种酒非常适合庆祝和纪念的场合。最知名的起泡酒是法国的香槟(Champagne)。

3. 按含糖量分类

干型葡萄酒(Dry Wine) 干型葡萄酒的形成是由于酵母将葡萄汁中的所有糖分

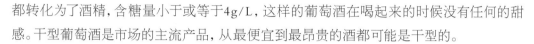

都转化为了酒精,含糖量小于或等于4g/L,这样的葡萄酒在喝起来的时候没有任何的甜感。干型葡萄酒是市场的主流产品,从最便宜到最昂贵的酒都可能是干型的。

半干/半甜型葡萄酒(Semi-dry/Semi-sweet Wine)　半干/半甜型的葡萄酒中含有一些糖分,它主要来源于人为中断发酵过程,或加入浓缩葡萄汁,从而在葡萄酒中保留一定的糖分。半干型葡萄酒与半甜型葡萄酒的区别在于含糖量的多少,一般来说,半干型葡萄酒含糖量为4~12g/L,而半甜型会达到12~45g/L。这类型的酒适宜趁酒年轻时饮用,价格不会太贵。

甜型葡萄酒(Sweet Wine)　甜型葡萄酒,也被称为甜酒,酒中含有较多残留糖分,含糖量超过45g/L。常见的甜酒由于浓缩方式不同而分为冰酒(Icewine)、贵腐酒(Noble Rot)和晚收型甜酒(Late Harvest)等多种类型。

4. 加强葡萄酒与加香葡萄酒

加强葡萄酒　加强葡萄酒是一种在发酵过程中或发酵后加入蒸馏酒精(通常是白兰地)加强的葡萄酒,使得酒精度提升到15%~22%度。加强葡萄酒在很多国家都有生产,以西班牙的雪莉酒和葡萄牙的波特酒最为闻名。

加香葡萄酒　被添加一些如苦艾、肉桂、丁香、鸢尾、菖蒲、龙胆、豆蔻、菊花、橙皮、芫荽籽、金鸡纳树皮等芳香性开胃健脾植物的葡萄酒,称为加香葡萄酒,如味美思——味美思又被称为开胃葡萄酒,是地中海国家一个古老的葡萄酒种类。加香葡萄酒除可以直接饮用外,在国外还常被用来兑制鸡尾酒,常见的品牌有意大利的马天尼(Martini)、仙山露(Cinzano)或法国的杜波纳(Dubonnet)等。

【延伸阅读】

"干杯!"的由来

喝酒碰杯应该是大家习以为常的一种行为了,但是,我们在喝酒之前常说的这句"来,干杯!"的背后,也是有着很多故事的。

一、驱除鬼怪

传说中世纪的人们在碰杯时,都会很大声的说"干杯",这样做是为了驱赶有可能已经潜伏进来的妖魔鬼怪。这一行为在日耳曼人的部族里尤其常见,他们不仅会叫得非常大声,而且还会在说"干杯"后猛烈撞击对方的酒杯,把酒洒在桌子上,据说这样就能吓跑鬼魂和恶灵了。

二、避免中毒

古时候，在酒里下毒来害死敌人是习以为常的事情，所以人们往往随身携带银针，以便测毒。在中世纪的意大利，和主人一起饮宴可能是件非常危险的事，来宾随时有可能被视作有潜在威胁的敌人而惨遭毒酒灭口。所以，银针之外，应付下毒的另一方法就是用自己的酒杯猛撞主人的酒杯，让杯子里的部分酒液顺势溅入到另一个杯子中，如果主人带头先喝，那就万事大吉。所幸当时的杯子都是锡制、银制或金制，还是很耐撞的。

共饮时，宾客还会在干杯后紧盯着主人的眼睛，试图看出对方是否有所隐瞒，并在必要时及时拒绝饮酒。时至今日，尽管在宴会中下毒谋杀只存在于小说、电影的情节里，金属制酒杯也换成了不耐碰撞的玻璃杯，但碰杯以及碰杯后注视对方眼睛的习惯却还是在一些酒文化中保留了下来。

三、祭拜仪式

尽管古时候还没有"干杯"这个词，但是他们在喝酒的时候有一套固定的祭拜仪式。祭拜的对象通常为酒神，以及在当地备受敬仰之人。

古希腊人和古罗马人在喝酒之前，必须向希腊神话中的酒神迪奥尼索斯敬酒（罗马神话中称为巴克斯），并在仪式上呼喊酒神的名字。

罗马人更是把祝酒放到了相当重要的位置，参议院甚至通过法令规定所有人在进餐时必须祝酒，祝愿他们的罗马帝国皇帝奥古斯都身体健康。

此外，当时的北欧人也会向神敬酒，因为他们相信这样能让他们即便离开人世，也依然能得到源源不断的美酒，以抚慰他们死后的灵魂。

其实人们喝酒时碰杯的真正原因，已经无从考证是从哪国传来，是什么时候开始的，唯一可以有实质性证据的是关于"干杯"这个词的来源。过去，法语中"chiere"这个词的意思是"脸，面容，看起来，表情"，到了中世纪，在盎格鲁语言里，"cheres"是指我们的脸。14世纪后期，"cheres"这个词衍生为"cheere"，意思是"脸上所表现出来的情绪"。后来到18世纪，它的意思开始转变为"高兴"，被广泛用来表示支持什么事情，或者鼓励什么事情。由此推断，人们常说的"干一杯"（to be of good cheer），更多的是隐含着"愿你笑容常在！"之意，也就是说，伴随着酒杯端起的这个常见词，已经演变成了真正的祝福语。

【课后练习】

一、选择题

1. 以下哪个国家不属于葡萄酒的"旧世界"：（　　）

A. 法国　　B. 葡萄牙　　C. 智利　　D. 德国

2. "波特酒"的故乡是以下哪个国家：（　　）

    A. 新西兰　　　B. 意大利　　　C. 葡萄牙　　　D. 西班牙

3. 以下哪种说法是错误的：（　　）

    A. 静止葡萄酒是在20℃时，二氧化碳压力小于0.5个大气压的葡萄酒

    B. AOC等级制度来源于德国

    C. 侍酒师要清楚地掌握各种葡萄酒是否需要进行醒酒

    D. 半干型葡萄酒的含糖量一般为4~12g/L之间

二、案例分析

在广州某家五星级酒店的中餐厅里，由于服务员对侍酒知识不是很了解，将葡萄酒全部存放在冰箱冷藏室里。某天，一个酒客点了一瓶顶级波尔多红酒，服务员不加思索的从冷藏室里取出，直接开启后端上酒客的餐桌。客人喝下后，大发雷霆，说这家酒馆卖给他的是假酒。最后，餐厅经理重新为该酒客送上了一瓶酒温为18℃的顶级波尔多红酒，当面开启并赔礼道歉，才算平息了此事。试考虑一下，为什么客人会如此生气？你会如何进行侍酒服务？

活动2　葡萄的种植

项目一
葡萄种植与
葡萄酒酿造

【学习目标】

1. 了解葡萄的品种、种植方法和经典产区。
2. 了解葡萄一年的生长情况。

【情景模拟】

五星级酒店西餐厅，小马正与李经理讨论两瓶葡萄酒的风格。

小马："为什么这两瓶红葡萄酒之间的味道差这么远呢？"

李经理："因为它们之间的品种不同啊，例如左边这瓶是赤霞珠，而右边这瓶是黑皮诺，赤霞珠有黑色水果和青椒的味道，而黑皮诺却是草莓和樱桃的味道。"

英国著名的葡萄酒大师杰西斯·罗宾逊在其著作《葡萄树、葡萄与葡萄酒》（Vines, Grapes and Wines）中写道："葡萄酒的香味及特性有百分之九十是由其品种决定的。"由此可见，葡萄的品种绝对是葡萄酒的灵魂。

【相关知识】

一、葡萄品种

　　目前世界上有超过6000种可以酿酒的葡萄品种，这些葡萄绝大多数属于欧亚种葡萄（Vitis Vinifera）。而在全世界广泛种植的葡萄品种只有50种左右，大致可以分为白葡萄和红葡萄两种。白葡萄主要用于酿制起泡酒及白葡萄酒，而红葡萄除了可以酿造红葡萄酒以外，在去皮榨汁之后也可用于酿造白葡萄酒及起泡酒，例如黑皮诺虽然为红葡萄品种，但也能用于酿造香槟。

　　常见葡萄品种有：

　　赤霞珠（Cabernet Sauvignon）　是在全世界广泛种植的葡萄品种，也是地球上最有名的红葡萄,以强劲、雄壮和长寿著称(见第II页图①)。赤霞珠具有酿造顶级葡萄酒的潜力,是许多世界名酒酿制时都会使用的葡萄品种,如法国拉菲城堡干红等。

赤霞珠葡萄颗粒较小,果皮较厚,单宁和色素含量高,需要较多阳光和温度才能得以成熟。品种香气有黑醋栗、黑樱桃等黑色水果香气,另外不太成熟的赤霞珠会带有青椒等明显的植物气息。经过橡木桶陈酿后,具有香草、烘烤类的香气,顶级赤霞珠在陈年后会有雪松、雪茄盒、麝香、蘑菇、泥土、皮革的气息。

著名的赤霞珠产区:法国波尔多(Bordeaux),澳大利亚库纳瓦拉(Coonawarra)、玛格利特河(Margaret River),新西兰霍克湾(Hawke's Bay),美国加州纳帕谷(Napa Valley)及中国宁夏贺兰山东麓等产区。

品丽珠(Cabernet Franc)　品丽珠比起赤霞珠果皮较薄、酸度较低。酿造的葡萄酒颜色较浅,酒体较轻,且口感更为柔和,香气更显著。用品丽珠酿造的葡萄酒带有树叶和草本植物的气息,而完全成熟的品丽珠酿造的葡萄酒则更多地展现出草莓、红李子等红色水果的香气。品丽珠葡萄酒经过陈年之后口感会变得更加复杂,带有明显的湿泥土气息,以及皮革、果干和坚果的风味。

著名的品丽珠产区:法国卢瓦尔河谷地(Vallée de la Loire)、法国波尔多右岸。

梅洛(Merlot)　梅洛葡萄以柔美见长,果粒大但果皮较薄。酿制出的葡萄酒有着柔和的单宁、中等的酸度和较高的酒精度。典型香气为草莓、覆盆子等红色水果,经常用于与赤霞珠混酿,让葡萄酒更柔顺易饮。

著名的梅洛产区:法国波尔多右岸圣爱美隆(Saint-Emilion)和波美侯(Pomerol)。

黑皮诺(Pinot Noir)　黑皮诺是主要红葡萄品种中被公认为最挑剔、最难照料的品种(见第II页图②)。它对成长环境的要求相当高。由黑皮诺酿成的葡萄酒颜色很浅、单宁少,酒精度也不高。气味以樱桃、草莓、覆盆子、山楂等果香以及玫瑰花香和香料味为主,在通过多年陈酿后,会带有动物、松露香气、以及香辛料的香味。

著名的黑皮诺产区:法国勃艮第(Bourgogne)、香槟(用于酿造香槟起泡酒)、新西兰中奥塔哥(Central-Otago)、美国加州圣巴巴拉和俄勒冈州等地。

西拉/西拉子(Syrah/Shiraz)　西拉,在生产法国北罗讷河谷风格的西拉红葡萄酒时被称为西拉(Syrah),而生产澳洲风格红葡萄酒时则被称为西拉子(Shiraz)。西拉是非常流行的国际红葡萄品种,很多葡萄酒产国的温和气候或炎热气候产区都有大面积种植。

由西拉酿造的葡萄酒单宁柔和,带有皮革、甘草和黑胡椒的气息,如果果实过熟,酿造的酒款会有黑巧克力、梅子干的味道。酿酒师们也经常使用橡木桶陈酿西拉葡萄酒，赋予她更为丰富的风味。

著名的西拉产区：法国罗讷河谷（Rhone）和澳大利亚巴洛萨谷（Barossa Valley）。

桑娇维塞（Sangiovese） 桑娇维塞是意大利种植最多的红葡萄品种，属于典型的意大利风格，由桑娇维塞酿造的红葡萄酒中带有肉桂、番茄、李子和黑樱桃的气息，以及新鲜饱满的泥土芬芳和一丝花的香气，意大利中部很多出名的葡萄酒都是用桑娇维塞葡萄酿造的。

著名的桑娇维塞产区：意大利中部托斯卡纳。

内比奥罗（Nebbiolo） 内比奥罗是意大利知名的葡萄品种，主要栽种在意大利西北皮埃蒙特大区，内比奥罗在果实接近成熟的时候，表皮会形成一层乳白色的薄雾，因此也被称为雾葡萄。由内比奥罗酿成的葡萄酒，色泽浅、酸度高、单宁强劲，它的典型香气是红色水果（覆盆子、红醋栗、樱桃）、柏油和玫瑰花香味，还伴有泥土气息。

著名的内比奥罗产区：意大利西北皮埃蒙特（Piedmont）。

金粉黛（Zinfandel） 金粉黛主要在加州种植，该品种由意大利传入美国，由美国葡萄酿酒者发扬光大，成为了美国最"本土"的葡萄品种。它的酒精含量高，带有果酱味、蓝莓味、黑胡椒味、樱桃味、李子味、蔓越莓味以及甘草味等。品尝一口，浓郁的蜜饯味充溢口腔，并伴有香料味，余味中还带有烟草气息。

著名的金粉黛产区：美国加州、意大利普利亚（Puglia）。

佳美娜（Carmenere） 佳美娜是智利的特色品种，由它酿制的葡萄酒的单宁、酒精度和酸度都偏中等，如果在成熟度不足的情况下，葡萄酒中就会带有明显的生青味和青椒味。在成熟的情况下，以佳美娜酿造的葡萄酒有着浓郁的黑色水果（黑李子、黑莓）的香气，并伴有药草味和辛辣感。另外，近年，中国的蛇龙珠（Cabernet Gernischt）葡萄品种在经过DNA鉴测后，发现其实就是佳美娜葡萄品种。

著名的佳美娜产区：智利、中国。

丹魄（Tempranillo） 丹魄是西班牙最重要的葡萄品种，它的单宁、酸度和酒精度都为中等。以丹魄酿造的葡萄酒的典型香气是以红色水果（草莓、红李子）为主。西班牙的酿酒师们一般喜欢将丹魄放在橡木桶中陈酿，为其带来了香草、椰子、熏肉、皮革以及烟熏的香气。

著名的丹魄产区：西班牙里奥哈（Rioja）、杜罗河谷（Ribera de Douro）。

马尔贝克（Malbec） 阿根廷的特有品种。用马尔贝克酿制的葡萄酒颜色很深，味道饱满强劲，有黑莓和黑色李子等黑色水果的香气、钢笔墨水的味道和香料的气息。

著名的马尔贝克产区：阿根廷门多萨（Mendoza）。

霞多丽（Chardonnay） 霞多丽是全世界种植最广泛、知名度最高的白葡萄品种，她的适应性非常强，可以种植在不同气候的产区，呈现出不同风格的葡萄酒。

种植在凉爽产区的霞多丽，会有青苹果、青柠檬等绿色水果的气味；在温和产区的霞多丽，则会有柠檬、柑橘、柚子及香瓜、桃子等黄色水果的气味；在炎热产区的霞多丽则呈现出芒果、菠萝等热带水果的香气。由于霞多丽有这个特点，于是喜爱霞多丽葡萄酒的人们称其为千变女郎。

著名的霞多丽产区：法国勃艮第、香槟。

长相思（Sauvignon Blanc） 长相思在世界上种植范围广泛，不同地区的长相思表现出不一样的风格及风味特征。由于产地不同，长相思在香气表现上会有所差别，通常它有青苹果、雨后的青草、热情果、番石榴、无花果、猕猴桃和柠檬等的香气。在经过瓶中熟成之后还会出现芦笋香气。

著名的长相思产区：法国卢瓦河谷桑赛尔（Sancerre）和普伊芙美（Pouilly-Fumé）、法国波尔多、新西兰马尔堡（Marlborough）。

雷司令（Riesling） 雷司令起源于德国，酿成的葡萄酒有着白色花香，带着很强的青柠檬和柠檬的香气，陈年后会带来煤油的矿物味道。雷司令酸度很高，即使酿成甜酒也不会觉得太甜腻，正因为这一特性，德国人用它来酿造从干型到甜型所有风格的葡萄酒。

著名的雷司令产区：德国莫泽尔（Mosel）和莱茵高（Rheingau）、法国阿尔萨斯（Alsace）、澳洲南澳伊顿谷（Eden Valley）和克莱尔谷（Clare Valley）。

灰皮诺（Pinot Gris/ Pinot Grigio） 灰皮诺葡萄酿成的葡萄酒具有两种风格：意大利风格和法式风格。

法式风格的灰皮诺（Pinot Gris）属于甜型白葡萄酒，果味丰富。这个风格的灰皮诺富含甜柠檬味、蜂蜜味和蜜饯苹果味。

意大利风格的灰皮诺（Pinot Grigio）属于干型白葡萄酒，矿物味丰富。这个风格的灰皮诺简单质朴，果味清淡，酸度高，偶尔还伴有海水气息。

著名的灰皮诺产区：法国阿尔萨斯、意大利东北部地区。

赛美蓉（Semillon） 赛美蓉是原产于法国的白葡萄品种，在法国波尔多苏玳，主要用来酿制贵腐甜酒。在波尔多其他地方，常与长相思葡萄混合酿制干型白葡萄酒。而在澳洲猎人谷，这个品种主要是用来制作长时间瓶中陈酿的干型白葡萄酒。

赛美蓉有着柠檬、橙子、菠萝、甜瓜、梨、杏子、蜂蜜、新鲜奶油、烤杏仁和烤榛子等多种的风味变化。

著名的赛美蓉产区：法国苏玳（Sauternes）、澳洲猎人谷（Hunter Valley）。

琼瑶浆（Gewurztraminer） 琼瑶浆葡萄酒的酸度较低、香气浓郁，带着柚子、荔枝和菠萝的风味，还有着香料、蜂蜜和玫瑰的芬芳。

著名的琼瑶浆产区：法国阿尔萨斯。

二、葡萄的生长环境

1. 葡萄生长环境

要结出成熟健康的葡萄，一颗葡萄树需要二氧化碳、阳光、水分、温度和养分。在空气中含有二氧化碳，但其他四个条件则由葡萄树生长的环境决定：气候和天气会影响葡萄树吸收阳光、热量和水分的含量，土壤则会影响葡萄树生长的温度以及水和养分的供给。

为了使葡萄有足够的成熟度，葡萄必须种植在气候适宜的地方。气候太冷，葡萄无法成熟，用它酿出的葡萄酒会又酸又涩。气候太热，则葡萄成熟过快，只能酿出平淡无味的葡萄酒。北纬和南纬30～50度均为适宜种植葡萄的区域，在这个种植区域中，又可以分出三种主要的气候条件：海洋性气候、地中海气候和大陆性气候。

海洋性气候 海洋性气候表现为冬天比较温和，夏天比较凉爽，但由于在葡萄生长季降雨量较多，湿度过大，容易引起葡萄的许多疾病，故在这种气候条件下生长的葡萄，可出产较为平衡的葡萄酒。

海洋性气候的典型产区：法国波尔多产区、智利南部、新西兰大部分地区。

地中海气候 地中海气候全年的温度变化较缓和，在葡萄结果期，降雨量非常少，所以生长在地中海气候区的葡萄非常浓缩，色重味浓，以此生产的葡萄酒的风格也都比较热烈、奔放。

地中海气候的典型产区：法国南罗讷河谷产区、朗格多克—鲁西荣产区、普罗旺斯产区，意大利中南部产区和美国纳帕谷产区。

大陆性气候 大陆性气候的典型特点是四季分明，夏季炎热，冬季较寒冷。在葡萄藤生长季节，内陆气候昼夜温差较大。在这种气候条件下出产的酒体一般较轻盈、细致、酸度活泼。

大陆性气候的典型产区：法国香槟产区、勃艮第产区，德国，西班牙里奥哈，阿根廷门多萨产区。

另外，种植葡萄的土壤不宜太肥沃，一般有以下几种类型：

石灰石质土壤（代表产区：香槟区），适合种植霞多丽葡萄；

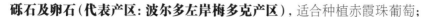

砾石及卵石(代表产区：波尔多左岸梅多克产区)，适合种植赤霞珠葡萄；

粘土(代表产区：波尔多右岸波美侯产区)，适合种植梅洛葡萄；

花岗岩、板岩等岩石土壤(代表产区：法国博若莱、德国)，适合种植佳美和雷司令葡萄。

葡萄种植还需要采用树冠管理技术，在土地过于肥沃的时候，采用密集种植或是大树形葡萄种植分散养分，让葡萄树少长叶子多挂果。在阳光充沛的葡萄酒产区，可以采用叶片遮挡葡萄果实的方式，来减轻阳光对葡萄的灼伤。而阳光少的产区，则可以把叶子绑起来，让葡萄尽可能接受阳光。树冠管理技术的要点在于最大限度地让葡萄树结出最好的葡萄，从而酿出最好的葡萄酒。

2. 葡萄的病虫害

害虫、有害动物和病害会对葡萄的健康造成不利影响。例如有害动物(包括哺乳类动物和鸟类动物)有可能会吃掉葡萄果实。害虫会破坏葡萄的根、芽和叶子。而真菌病害会破坏葡萄树的绿色部分，导致葡萄果实腐烂，更有可能引起长期病害，而导致葡萄树的产量降低、甚至死亡。

在葡萄种植期间，葡萄农会不断监控葡萄树的情况，针对不同的病虫害采取相应的救治方式。例如葡萄树如果感染了霜霉病，葡萄农会喷洒波尔多液对其进行杀菌救治。在葡萄成熟季节，农民们会拉起防鸟网，最大限度地减少鸟儿啄食葡萄。

三、葡萄的一年

1. 冬季休眠

在秋天收获后，随着天气的转凉，葡萄树的叶子全部掉落。从每年11月到次年2月，葡萄树进入了漫长的冬季休眠期。

在这段时间里，葡萄农会对葡萄树开展冬季修剪工作，确定入春后嫩芽的数量——这项工作与来年葡萄的收获数量和质量密切相关。除此之外，在比较寒冷的产区，例如我国贺兰山东麓产区，葡萄农要对葡萄树进行埋土工作，以保证它能顺利越冬。

2. 春季发芽

三月开始，春季来临，万物复苏，葡萄树进入了春季发芽期。当气温上升至10℃左右时，树枝上开始长出嫩芽。随着天气不断变暖，嫩芽长成绿叶，最后形成新梢。

在3~5月的春季发芽期，葡萄农的主要工作是剪除多余的嫩芽和枝叶，尽量使葡萄的挂果数量符合计划，从而使果实成分得到浓缩。另外，他们还需要对枝叶进行整形，将其固定在金属线上，以调整树木形状。(见第Ⅳ页图①—④)

3. 夏季结果

六月，初夏气温到达20℃左右，葡萄树进入开花结果期。开花授粉后，树上形成硬小的果实。7～8月是转色期，在这段时间里，葡萄果实由青色变为深红色（红葡萄）或金黄色（白葡萄）。

在这个阶段，葡萄农需要对葡萄树剪枝和部分计划外的果实进行青摘两项工作。

4. 秋季收获

九月，随着葡萄的成熟度增加，糖度上升，酸度降低，风味日渐浓厚。在酿酒师亲自品尝葡萄，认为葡萄成熟度达到理想的平衡感后，就能开始收获。

以上是北半球的葡萄生长的一年（见第III页图①—④），那么南半球的生长季是如何的呢？很简单，只需要每个阶段减去半年，就是南半球的生长季节了。

【延伸阅读】

机器采收和人工采收

葡萄的采收方式一般有两种：机器采收和人工采收。

机器采收比较方便，但如果管理不严格，可能会出现以下几个问题：首先，机器采收可能会采收到未成熟的果实甚至葡萄叶；其次，机器采收时产生的震动可能会弄碎一些葡萄果实，并影响后续酿造方式；再次，采收时大量的葡萄会在采收机的储藏罐中相互挤压、提前破碎，而且采收后如果筛选不到位，好葡萄、坏葡萄会混着叶子和果梗一起发酵，这就导

葡萄农日常使用的农具

致劣质单宁混入葡萄酒中，使葡萄酒的口感不好。目前，一方面，酒庄和酒厂在葡萄原料经机器采收入厂后会进行严格筛选，以便充分保证原料的品质，另一方面，随着采收工艺的发展，最先进的采收机器已经比较接近人工采收的水平了。

手工采收一般是工人一边采摘一边筛选、丢弃未成熟和腐烂的果实——这对于最终酿成葡萄酒的品质有着非常重要的提升，但是，问题在于，人工采收的效率不如机器采收

的十分之一，且如果在采收过程中天气突变，未采收完的葡萄就会因淋雨而降低葡萄酒的质量。机器采收则没有这方面的顾虑，它可以不惧风雨，甚至可以趁着晚间温度低来采收已经成熟的葡萄，避免天亮后的高温侵袭。

【课后练习】

选择一个葡萄酒产区，了解它的气候、土壤及情况，并掌握葡萄树冠管理的技术。

项目一
葡萄种植与
葡萄酒酿造

活动3 葡萄酒的酿造

【学习目标】

1. 了解红葡萄酒的酿造方法。
2. 了解白葡萄酒的酿造方法。

【情景模拟】

李经理正在给员工培训葡萄酒知识：

李经理："鲜榨葡萄汁为什么会变成葡萄酒，而在超市里面卖的葡萄汁却不会呢？"

小麦："是因为超市里面卖的葡萄汁加入了防腐剂吗？"

李经理："你说得非常对。因为鲜榨葡萄汁里面有酵母，所以才能发酵，超市里的葡萄汁的酵母已经被除去了，所以不会再发酵。"

酵母在葡萄生长时附着在葡萄皮上，一旦葡萄皮破裂，就与葡萄果肉中含有的糖分产生作用，生成酒精。

【相关知识】

一、葡萄的发酵

葡萄采收后最重要的工序就是发酵，当酵母与葡萄汁中的糖分产生反应时，它们会共同制造出酒精、二氧化碳和热量，并将葡萄汁中的各种风味转化到葡萄酒中。

葡萄的发酵公式：酵母＋糖分＝酒精＋二氧化碳＋热量

二、葡萄的结构

一颗葡萄包含了三个重要的组成部分：葡萄皮、果肉和葡萄籽。葡萄皮为葡萄酒提供了单宁和颜色（红葡萄酒），果肉为葡萄酒提供了糖分、酸度和水分，糖分在发酵后会转化为酒精，而葡萄籽则因为葡萄籽油含有苦味，在酿造时不能把葡萄籽压破。

每一个品种的葡萄会由于葡萄皮的厚度和果肉的多少而使酿造后的葡萄酒的风格有所不同，例如果肉多的葡萄品种，因为含糖量较高，酿成葡萄酒后，酒精度就比较高。而葡萄皮厚的葡萄品种，酿成的葡萄酒就具备比较多的单宁，涩感较强。

三、干型葡萄酒的制作工艺

葡萄运到酒庄后，首先需用二氧化硫对其进行保鲜处理，然后进行去梗和破碎工序。接下来的工序中，白葡萄酒、红葡萄酒和桃红葡萄酒对于葡萄的处理则有所区别。

1. 白葡萄酒

在去梗和破碎后，白葡萄酒的做法是通过压榨将葡萄汁与果皮分离，把葡萄汁转移到不锈钢槽、橡木桶或水泥槽等容器中，等待酵母用半个月到一个月的时间，把葡萄汁发酵成为葡萄酒。白葡萄酒的发酵温度一般为12~22℃。

红葡萄仅仅是果皮上有颜色，但按白葡萄酒的酿制方法去除果皮后，酿出的酒是不会带有果皮颜色的，所以，无论是白葡萄还是红葡萄品种，都可用以酿造白葡萄酒。

2. 红葡萄酒

把破碎了的红葡萄汁液和皮一起放入发酵容器中发酵，酒会从果皮中获取颜色、单宁和各种风味。但由于葡萄皮会漂浮在容器顶部，所以在发酵过程中，每天都需要将葡萄汁从底部抽出浇到漂浮的葡萄皮上，或者用工具将葡萄皮压进葡萄汁中，确保它们融合在一起。红葡萄酒成品的颜色和单宁的含量取决于葡萄汁液与果皮接触时间的长短。一般这个阶段需要在20~32℃的发酵罐中5~14天才能完成。发酵完成后，再进行压榨。（见第V页图①—⑤）

3. 桃红葡萄酒

桃红葡萄酒的酿造方法与红葡萄酒相似，但发酵温度比红葡萄酒低，为12~22℃，且葡萄汁与果皮的接触时间仅仅为12~36小时。

四、甜型葡萄酒的制作工艺

甜型葡萄酒，也被称为甜酒，酒中含有较多残留糖分，含糖量超过45g/L。常见的甜酒由于浓缩工艺的不同而分为终止发酵、添加糖分、浓缩糖分和自然风干等多种方法。

1. 终止发酵方法

加强法 即在发酵未完全结束，葡萄酒中仍有糖分存在时加入酒精杀死酵母终止发酵的方式。采用此法制作的有波特葡萄酒和法国南部天然甜葡萄酒（VDNs）等。

添加二氧化硫和冷却法 发酵的终止也可以通过增加高剂量的二氧化硫或冷却发酵中的葡萄酒来实现。葡萄酒必须经过过滤，去除所有的残余酵母。如德国高品质晚收葡萄酒（Spatlese）和意大利阿斯蒂（Asti）甜起泡酒，均采用此种方式酿造。

2. 添加糖分方法

在德国及部分国家，半甜型的葡萄酒可通过加入未发酵葡萄汁（称为甜储备，Sussreserve）的方式来酿造。在装瓶前一刻，将甜储备加入干型葡萄酒中，从而产生甜味。

3. 浓缩糖分方法

顶级甜葡萄酒会采用含糖量很高的葡萄酿制，葡萄糖分的浓缩可以通过多种方法实现，使葡萄在浓缩糖分的同时聚集酸度和风味。浓缩糖分的方法分为以下几种：

贵腐菌（Noble Rot）侵染 在葡萄充分成熟期，其种植环境中出现早晨潮湿多雾、下午晴朗干燥的小气候。早上潮湿的环境能够使贵腐菌滋生，真菌将葡萄的表皮刺破并在果皮上留下细微的小孔。而下午的阳光则能减慢贵腐菌的生长，并将葡萄果实中的水分蒸发出来从而浓缩糖分、酸度和风味。另外，被贵腐菌侵染的葡萄所酿造出来的葡萄酒，通常明显地具有蜂蜜、杏仁、柑橘皮和果脯的香气。

法国波尔多的苏玳、巴尔萨克（Barsac）和匈牙利的托卡伊（Tokaji）是贵腐葡萄酒的经典产区。

风干葡萄 风干葡萄有两种方式，一种是在干燥的秋季里留在枝头上推迟采摘，让其自然风干。这一类型的葡萄酒一般会标注为晚收（Late Harvest）。另外一种方式是采收后风干，即将采摘后的葡萄放在草席上晒干或在通风的房间里风干，以使其糖分浓缩。意大利的帕赛托（Passito）甜酒就是用采收后风干葡萄生产的。

挂在枝头结冰 这种方法一般用于酿造冰酒。健康的葡萄会被留在树上，进入冬季后，葡萄果实里的水分结冰，一般到零下7℃左右，葡萄才被采收。去除未化开的冰块后，葡萄被压榨，果汁的糖分会更浓缩。加拿大、德国的冰酒就是用这种方式生产的。

五、熟化

熟化是指葡萄酒的发酵工序结束后，在容器中储存的葡萄酒的各种成分之间或葡萄酒中的物质与木桶中的物质之间所发生的缓慢而持续的化学反应。通过熟化，葡萄酒的颜色会更稳定、口感更柔和、结构更饱满。

葡萄酒的熟化方式可以分为有氧熟化和无氧熟化两种方式。

有氧熟化 有氧熟化主要是指使用225升的橡木桶或者大的木桶熟化（见第V页图⑥）。如果一款葡萄酒在橡木桶中熟化，将会为葡萄酒增添风味，尤其是新的橡木桶，可以直接给葡萄酒带来橡木香味。但与此相对应的，也会增加葡萄酒生产商的成本。橡木桶分为法国橡木桶和美国橡木桶两种，法国橡木桶所带来的是烘烤和坚果的香气，以及柔和的单宁，而美国橡木桶则具有椰子和香草的芬芳，但单宁则比较粗涩。

旧橡木桶由于使用较久，一般已不能为葡萄酒直接增加任何香气，但橡木桶中有微小的空隙可以让少量的氧气溶解到葡萄酒中，既能软化红单宁，使葡萄酒口感更为柔顺，又能通过长时间的有氧熟化，使葡萄酒培养出太妃糖、无花果、坚果和咖啡的味道。

无氧熟化　用于无氧熟化的酒瓶、水泥和不锈钢大桶是密封的容器，不会向酒中渗入任何氧气，所以被称为无氧熟化。无氧熟化的化学变化与在橡木桶的有氧熟化有所不同。在大的不锈钢容器中熟化，葡萄酒的风味数月都不会变化。

六、葡萄酒出厂前的其他工序

混合　混合在酿酒过程中发挥着至关重要的作用，可以是不同品种的葡萄酒的混合（如波尔多混酿），也可以是通过混合不同的葡萄园酿制的葡萄酒来提高单一品种的葡萄酒的平衡力，保持产品风格一致性或实现一种独特风格。

澄清　消费者买到的葡萄酒都是清澈透亮的，酿酒师会用沉淀、下胶和过滤三种方法澄清葡萄酒液。

所谓"沉淀"，是依靠重力将葡萄酒中的悬浮颗粒吸引到底部，在此之后将酒液轻柔地泵到另一个容器中，留下沉淀物。这个过程被称为倒罐。经过几次倒罐操作，酒液的澄清度会逐步提升。

所谓"下胶"，是往酒液中加入澄清剂，常用的澄清剂为明胶、蛋清、鱼胶等等。澄清剂会加速颗粒沉淀，然后再通过过滤方式去除。

所谓"过滤"，是通过物理方法，用过滤器过滤葡萄酒中的杂质，从而澄清葡萄酒液。

包装　世界各国大多以玻璃瓶包装葡萄酒，玻璃瓶的优点在于便于携带，价格便宜而且相当坚固。更重要的一点是，空气无法进入酒瓶，葡萄酒不容易变味。但它的缺点在于重量重，增加了运输成本。目前市面上也出现了以塑料瓶包装的和盒中袋包装的葡萄酒，但这类包装仅仅用于适合尽早饮用的平价葡萄酒。

瓶塞　瓶塞可以保护葡萄酒在饮用前不被污染及氧化。目前经常采用的瓶塞包括软木塞和螺旋盖两种。传统的旧世界酿酒国家以采用软木塞为主，它可以让微量的氧气逐渐进入瓶内，能使有陈年能力的葡萄酒更好陈年。而在澳大利亚和新西兰，被认为能比橡木塞更长时间地保留葡萄酒的果味的螺旋盖则成为了主流。

【延伸阅读】

橡木桶是如何炼成的

世界上绝大部分的好酒都会选择经过橡木桶陈酿,以酿制出香气更为复杂、酒体更为优雅、口感更为卓越的美酒。那么,橡木桶是如何制作的?

在木材的选择上就极为讲究。在法国,要在每年10~12月砍伐用于制作橡木桶的橡树,树龄要在150~250年之间。一棵橡树只有中部位置的木材才符合制作橡木桶的要求,价格约为3000欧元/立方,极其昂贵。

在切割方式的选择上,美国橡木桶采用锯割方式,法国橡木桶只能采用按纹路劈切。

接着是桶板的室外熟成。劈切好后的板材以一立方为单位堆垛,放置于室外2~3年时间,以去除木头中的生青单宁。工人每年都要逐块木板进行翻面,以便其可以均匀地接受阳光风雨的洗礼。

完成室外熟成的桶板需要再进行精加工,在装桶前,工人还会进行最后一次木板筛选,以确保每块木板没有缺陷。

然后就是烘烤的步骤了。制作橡木桶需要进行两次烘烤,第一次烘烤是为了下一步塑性增加其柔韧性,二次烘烤则是根据客户需求分为轻中、中重及重度烘烤。

完成以上步骤后,只需将较短的木板拼接成侧板,装入木桶两侧,一个橡木桶就算是初步完成了。

【课后练习】

1. 红葡萄酒和白葡萄酒的发酵程序有什么不同?
2. 桃红葡萄酒为什么是桃红色的?

活动1　法国葡萄酒

【学习目标】

1. 了解法国葡萄酒的历史、分级体系及葡萄生长区的气候环境。

2. 了解法国重要的葡萄酒品种及产区。

3. 初步掌握法国葡萄酒酒标信息。

【情景模拟】

在连续听了几周葡萄酒课后，小马在工作上也变得越来越有信心了。你看，小马正与点了法国酒的顾客介绍葡萄酒：

顾客："这瓶葡萄酒是来自波尔多吧？"

小马："是的，先生。波尔多酒是法国葡萄酒的'国王'，是法国最大的AOC葡萄酒产区。"

顾客："我听说法国是一个非常出名的葡萄酒生产国，能给我们多介绍一点相关知识吗？"

小马："没问题……"

由于法国有着得天独厚的气候条件和严格的质量管理法律，法国葡萄酒的质量控制制度一直领先于欧洲及其他新世界国家。在法国，几乎每个地区都生产葡萄酒，从普通的餐酒到顶级葡萄酒一应俱全。接下来，让我们一起来领略这块神奇土地的魅力吧。

【相关知识】

一、法国葡萄酒的历史

法国的葡萄酒历史悠久，自从罗马人将葡萄树传入法国之后，葡萄的种植和酿酒技术在这块六边形的国土上得到了一代又一代人的改良、提升和发扬光大。公元3世纪，波尔多和勃艮第开始为供不应求的葡萄酒市场酿制葡萄酒。中世纪时，葡萄酒已发展成为法国主要的出口货物之一。到了19世纪，法国的葡萄种植面积创历史新高，先后出现了勃艮第、卢瓦尔河、香槟、罗讷河谷、波尔多等著名的葡萄酒产区。

1855年，世界万国博览会在巴黎举行。当时的法国国王拿破仑三世为了大力推广波尔多葡萄酒，下令波尔多商会将波尔多产区的葡萄酒进行等级评定。这次评定共分为五级，因绝大多数酒庄来自于波尔多左岸梅多克地区，故历史上又称为1855梅多克分级。这张波尔多葡萄酒等级表流传至今，成为法国葡萄酒的骄傲。

葡萄酒文化不仅表现出法兰西民族对精致美好生活的追求，也深深地楔入法国文明和文化中，成为其不可分割的一个重要部分。

二、法国葡萄酒的产区及其气候条件

法国共有10大葡萄酒产区，其气候状况大体如下：西部大西洋沿岸是海洋性气候，中部是海洋性和大陆性气候，东南地中海沿岸为地中海气候。下面我们着重了解几个主要产区的基本情况：

1. 波尔多产区

提起法国葡萄酒，大家第一个想到的肯定是波尔多。波尔多产区位于大西洋海岸，在法国西南部第四大城市波尔多市周围。波尔多拥有得天独厚的气候条件，大西洋暖湿气流沿着吉隆特河口溯流直上，深入波尔多内陆地区，使得波尔多整个地区以温带海洋性气候为主，相当温和。总体来说夏天炎热干燥，光照足，春季降水，冬春两季较温和。即使在冬季，波尔多平均气温也在3～10℃。因为这里有着墨西哥湾暖流的影响，它不仅能够提高温度，让赤霞珠、梅洛、长相思等葡萄成熟，而且对葡萄生长影响很大的霜冻问题，这里也几乎不会出现，这就为葡萄树的越冬提供了良好的气候条件，也为波尔多产区酿制优质葡萄酒提供了绝佳的先天环境（见第II页图③）。

波尔多的主要红葡萄品种包括赤霞珠、梅洛、品丽珠、小维度（Petit Verdot）、佳美娜和马尔贝克，而白葡萄品种包括长相思、赛美蓉和密斯卡岱（Muscadelle）。

历史上，波尔多地区曾经归属于英国，波尔多葡萄酒也赢得了英国上流社会的认可，并大量进口。英法百年战争后，波尔多重归法国，成为了以出口为主的葡萄酒产区。因为波尔多许多拥有大规模葡萄园的富裕庄主习惯以自己城堡的名字为葡萄酒命名，所以波尔多的酒庄通常叫Chateau（城堡），如拉菲城堡（Chateau Lafite Rothschild）就是波尔多地区最出名的酒庄之一。

2. 勃艮第产区

勃艮第产区位于法国中部略偏东,地形以丘陵为主,属温带大陆性气候,是一个比较干燥的区域。这里全年平均气温低,夏季炎热,秋季凉爽,收获季节则降雨频繁。除此之外,这里很有可能遭受春季霜冻、夏季因降雨造成的灰霉病和局部冰雹的灾害。所幸该产区的主要葡萄园位于中央高原的东部边缘,受到高原的屏障保护,故虽然葡萄的生长期相对较长,但也为高品质的黑皮诺和霞多丽葡萄的生长创造了条件。

如果说波尔多是法国葡萄酒的国王,那么勃艮第就是法国葡萄酒的皇后。勃艮第产区葡萄种植面积小、产量低、葡萄酒农数量多且遵循传统种植方式。勃艮第的酒农最重视风土(Terrior),几个世纪以来,这里的葡萄园根据不同地块的微妙的风土条件,由栅栏、围墙或者酒庄标志物分成一小块一小块,称为克里玛(climat),即使是邻近的两块克里玛,出产的葡萄酒的味道也大不相同。这种做法完美地体现了环境对葡萄树的细微影响。

勃艮第的酒庄多以Domaine命名,世界最贵的葡萄酒罗曼尼·康帝就产自这个产区。

勃艮第的葡萄酒大多数采用单一葡萄品种酿制。主要的红葡萄品种是黑皮诺。天性娇贵的黑皮诺只有在勃艮第的风土上才能展现其独一无二的优雅风姿。主要的白葡萄品种则为霞多丽,虽然该品种目前在世界各地都有广泛种植,但与黑皮诺一样,唯有在勃艮第产区,霞多丽才能展现出它特殊的魅力。

勃艮第葡萄酒的品级从低到高分为大区级(Regional)、村庄级(Village)、一级园(1er Cru)和特级园(Grand Cru)四个级别。

3. 罗讷河谷产区

罗讷河穿越多个国家和地区,其河谷是世界上最古老的葡萄酒产区之一,公元一世纪时,罗讷河谷北部就已经开始种植葡萄。但是,尽管习惯上被视为一个产区,但这里其实被天然地分为两个不同的区域——北罗讷河产区和南罗讷河产区,其气候和葡萄酒品种都有着较大差异。

北罗讷河产区呈大陆性气候,夏季温暖,不会太炎热。这里唯一法定的红葡萄品种为西拉,葡萄酒颜色深沉,单宁结实,有较好的陈年潜力。

而相比于北罗讷河谷产区,南罗讷河谷产区受地中海气候影响显著,冬季温和,夏季炎热干燥,总体而言,阳光充足,雨量充沛,时而有干冷的强风光顾。在这种气候条件下,这里的葡萄品种更加多样,为世界上酿制酒精度最高(16.2%)的葡萄酒提供了绝佳的先天条件。这里主要的红葡萄品种有:歌海娜(Grenache)、西拉(Syrah)、慕合怀特(Mourvedre)。这三种葡萄一般用于混酿,称为GSM混酿,最出名的产区为教皇新堡。

罗讷河谷主要的白葡萄品种有维欧尼、玛珊、胡珊和白歌海娜等。

4.香槟产区

香槟产区是位于法国最北的一个葡萄酒产区，冬季寒冷，春季有霜冻。受海洋性气候和大陆性气候的双重影响，这里的年平均温度为11℃，有利于葡萄缓慢地积累酸度；年光照时数约为1,650小时，延迟了葡萄的成熟，使酿出来的葡萄酒拥有清新爽脆的口感；年降雨量约为650毫升，接近葡萄生长所需的理想降雨量——完美的气候条件造就了香槟区令人赞叹不绝的起泡酒。

根据国际规定，只有法国香槟地区产的以传统法制作的起泡酒才能叫香槟，其他任何地区生产的起泡酒均不能冠以"香槟"之名。用以酿制香槟的主要葡萄品种有霞多丽、黑皮诺和皮诺莫尼耶（Pinot Meunier）。

5.博若莱产区

博若莱产区位于勃艮第与罗讷河谷之间，拥有适宜葡萄生长的理想气候条件。区内为典型的大陆性气候，夏季炎热而湿润，秋冬季漫长而干燥。葡萄园大多向东面和南面延伸，依着山岭，不受潮湿西风的影响。夏季光照充足，同时受来自地中海水汽的影响。整体而言，这里气候温和，很少遭遇寒冷天气。得益于这样的气候，博若莱产区的葡萄生长期较长，成熟度较高，采收期也鲜有暴雨、冰雹等不利天气。

博若莱产区的气候条件很适合佳美（Gamay）和霞多丽的生长，收获时间较早，且葡萄糖份高。博若莱产区以出产大量的博若莱新酒（Beaujolais Nouveau）而闻名于世，每年11月的第三个星期四是法国官方规定的博若莱新酒节，当午夜零点的钟声敲响的时候，产自法国博若莱产区的新酒就可以在全世界同步上市，那一刻自然也就成了全球葡萄酒迷们的狂欢时刻。

三、法国葡萄酒的分级体系

为了响应欧盟的改革并配合欧洲农产品级别标注形式，2011年，法国葡萄酒将原有的四级葡萄酒等级制度（AOC，VDQS，Vin de Pays，Vin de Table）简化为三个等级，分别为：

1.AOP级

AOP全称为原产地命名保护制度（Appellation d'Origine Protegee），但法国人更习惯使用2011年之前的AOC名称。AOC 全称是Appellation d'Origine Controlee，指"原产地命名控制"，准确含义是"经检查后达到标准的原产地命名控制"。而这里指的"检查"的内容就是 AOC 产区规范，包括地理生产区域、葡萄品种、成熟度（酒精度）、葡萄栽培技术、产量和酿酒技术等，这在一定程度上保证了葡萄酒的品质。也就是说，这个级别的产品，其产品的原料、生产、包装等都是在原产地完成的。

同一产区的AOC也有区别，通常来说，Origine 常被替换成具体的产区，如最常见的 Appellation Bordeaux Controlee（波尔多产区AOC）。另外，酒标上面所标明的产地的范围越小，酒的等级就越高。如标注Appellation Medoc Controlee（梅多克产区AOC）的产品，其级别就比Appellation Bordeaux Controlee（波尔多产区AOC）的产品级别要高。

2. IGP级

全称为 Indication Geographique Protegeee，即优良地区餐酒。IGP的产区范围比 AOC 产区要大，要求也没有那么严格，往往允许种植一些非传统的品种，在单位产量的限制上也相对宽松。相对于AOP级产品来说，IGP级产品的原料、生产、包装等只有一部分是在原产地完成的。

3. VDF级

全称为 Vin de France，即酒标上没产区提示的葡萄酒，它允许不同产区的葡萄进行混酿，还允许这类葡萄酒以葡萄品种命名，这给法国生产商提供了极好的机会来酿造品牌酒，从而有希望与那些新世界的成功品牌抗衡。

四、法国葡萄酒酒标认读

我们可以参考法国葡萄酒酒标（见第VIII页图③）上的用语，一一对应，来认识酒标：

● AOC标志：波尔多产区梅多克地区的波亚克村的AOC酒，以村庄为产地名称，证明它是AOC酒中的顶级品。

● 等级标示：Grand Cru Class，为波尔多左岸列级酒庄。

● 产地名称：波亚克。

● 生产年份：葡萄酒采收年份。

● 酒名：巴特利庄园红葡萄酒（Chateau Batailley）。

【延伸阅读】

罗曼尼·康帝

罗曼尼·康帝酒庄

众所周知，罗曼尼·康帝是法国毋庸置疑的帝王之酒。在伦敦、纽约和香港各大都市的葡萄酒拍卖会上，罗曼尼·康帝就像是武林传奇中的"独孤求败"，其价格总是遥遥领先于其他名酒。

1232年，维吉（Vergy）家族将一块土地捐给教会，其中就包括著名的罗曼尼·康帝（Romanee-Conti）葡萄园。此后400年间，这座葡萄园都是属于天主教的产业。

后来，为了支持十字军东征巴勒斯坦，筹措巨额军费，教会决定将葡萄园卖给克伦堡家族（Croonembourg）。到了18世纪60年代，这块葡萄园已成展为勃艮第最顶级的葡萄园，但克伦堡家族当时债务缠身，被迫将其再度出售。当时有两位大人物都看上了这片葡萄园。一位是法王路易十五的堂兄弟——波旁王朝的亲王路易·弗朗索瓦·德波旁（Louis Francois de Bourbon），也被称为康帝亲王（Prince de Conti）；另一位则是在朝野影响力极大的法王情妇——庞巴杜夫人（Madame de Pompadour）。于是本来只是一个葡萄园的买卖交易，竟升级为法王跟前两大红人的竞技场。

最终，康帝亲王击败庞巴杜夫人入主名园，并用自己的名字给它命名为罗曼尼·康帝，且出产的美酒仅仅供皇室享用。不过，他为此花费了8,000金币，相当于当时其他法国顶级葡萄园售价的15倍之多！庞巴杜夫人在这场角逐中失败，一气之下从此不再对红葡萄酒感兴趣，转而爱上香槟。香槟产区能有今天的发展，她的推动作用不可低估。

（来源：红酒世界网）

【课后练习】

1. 法国最出名的起泡酒产区在哪里？
2. 法国波尔多最出名的酒庄叫什么？
3. 勃艮第葡萄酒的四个等级是什么？

活动2　法国葡萄酒餐酒搭配

【学习目标】

1. 了解法国美食及其餐酒搭配。

2. 了解法国重要产区餐酒搭配。

3. 初步掌握法式宴会餐酒搭配。

【情景模拟】

小马正跟同事小李讨论刚刚学习的法国葡萄酒产区方面的知识。

小李："法国葡萄酒好复杂，学得我有点头大。"

小马："对啊，因为历史太久、产区太多了嘛，不过法国不仅葡萄酒出名，美食、美景、文化也是一样不落下呢。"

小李："看来你挺有研究啊，多讲些来听听。"

小马："好啊，等我擦干净这几只酒杯……"

接下来，我们将带领大家领略法国的风土人情、美食美景，同时着重向大家介绍法国餐酒搭配方面的知识。

葡萄酒与食物搭配的一般原则是：食物的口味与所搭配的葡萄酒的口味必须基本一致，也就是我们常说的当地菜肴配搭当地酒款。另外一个重点是，葡萄酒的口味必须比食物更浓。如酸的食物就要搭配酸味更强的葡萄酒，甜味食物就配搭上更甜的葡萄酒，甚至是贵腐甜酒。

一些鲜味、苦味、辛辣味类菜品在与葡萄酒的搭配上需要特别注意，这些内容我们将在后面的章节中分别详细介绍。

葡萄酒知识与侍酒服务

【相关知识】

一、走进法国

国旗：法国国旗——三色旗是法国大革命时巴黎国民自卫队的队旗。白色代表国王，蓝、红色代表巴黎市民，是王室和巴黎资产阶级联盟的象征。法国人民认为三色旗上的蓝色是自由的象征，白色是平等的象征，而红色代表了博爱，是法国人民"自由、平等、博爱"宣言的体现。

文学：17世纪开始，法国的古典文学迎来了自己的辉煌时期，相继出现了巴尔扎克、大仲马、维克多·雨果、莫泊桑等文学巨匠。他们的许多作品成为世界文学的瑰宝，其中《巴黎圣母院》《红与黑》《基督山伯爵》《悲惨世界》等文学作品，早已被翻译成各国语言，被全世界广为传颂。

艺术：早在17世纪路易十四、十五、十六当政时期，法国艺术已经得到了极大发展，巴黎逐步取代意大利的罗马和佛罗伦萨成为欧洲的艺术中心。19世纪的巴黎大改造更使巴黎成为了一个现代性的世界首都，塞纳河左岸的蒙马特与右岸的蒙巴那斯隔河遥相呼应，吸引着全世界的文人和艺术家，巴黎一时鼎盛。著名画家夏加尔曾这样回忆："在那些日子里，艺术的太阳只照耀巴黎的天空。"

旅游：作为最受瞩目的葡萄酒产国，法国坐拥着波尔多、勃艮第和罗讷河谷等多个享誉全球的葡萄酒产区，这里有着绝佳的美酒、旖旎的风光、浓厚的艺术文化氛围和深厚的历史沉淀。以下为部分跟葡萄酒产地有关的景点。

卢瓦尔河谷　卢瓦尔河谷有"法国花园"之称，这里有大量童话中的浪漫城堡，有欧洲最美的河流——卢瓦尔河。河谷里到处都是著名的文化、历史建筑，而且那里还盛产非常好喝的长相思葡萄酒。

波尔多　除了以葡萄酒闻名，波尔多还广泛分布着350多个历史著名建筑，包括哥特大教堂和18世纪的城堡，是名符其实的世界文化遗产之地。

香槟省　这里是香槟诞生地，也是法国最美丽的地区之一：这里有幽静的葡萄园小径，有格外美丽的田园风光，有神秘久远的中世纪城堡，还有一望无际的葡萄园，吸引着来自世界各地的众多葡萄酒爱好者。

二、法国美食

法国不仅是浪漫之都，也是美食美酒的天堂。下面一起去探索法国美食。

1. 法式蜗牛

法式蜗牛几乎是所有造访巴黎的游客们必点的美味，厨师通常会在硕大的蜗牛

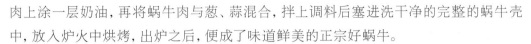

肉上涂一层奶油,再将蜗牛肉与葱、蒜混合,拌上调料后塞进洗干净的完整的蜗牛壳中,放入炉火中烘烤,出炉之后,便成了味道鲜美的正宗好蜗牛。

适配酒类型　要选择口感很轻、很温和的酒,如产自勃艮第北部夏布利地区、未经橡木桶陈年的霞多丽葡萄酒或者勃艮第的黑皮诺葡萄酒都能够激发蜗牛的香气。反之,如果配搭味道浓郁的葡萄酒,则会破坏蜗牛原有的鲜味。

2. 法式鹅肝

香醇细滑的肥鹅肝,是法国人圣诞、新年时候的节日大菜,也是受保护的文化遗产。很多人家里有自己腌鹅肝的习惯,商店里也有罐装的鹅肝酱。鹅肝通常是前菜,配着面包食用。也有香煎鹅肝的吃法,搭配着松露、苹果和梨等配菜。

适配酒类型　法国人喜欢在吃鹅肝的时候配以甜葡萄酒,波尔多顶级的苏玳甜白葡萄酒是能把鹅肝的肥美衬托得淋漓尽致的好拍档。另外,甜或微甜的葡萄酒,也是配衬鹅肝天然味道的不错选择。

3. 鸭胸肉

法国人喜欢吃鸭肉,尤其是鸭胸肉。有两种经典吃法:风干和热吃。风干鸭胸脂膏丰腴,一般切成薄片作为前菜;而热吃鸭胸肉可以让厨师做成三分熟或者五分熟,淋上意大利香醋食用。

适配酒类型　适合搭配波尔多或西南产区的红葡萄酒。

4. 法式长棍面包

在法国人眼中,法式长棍面包是巴黎人的象征。面包房里刚出炉的长棍面包麦香扑鼻,外皮很硬,咬起来有韧劲,里面却口感柔软。法国的三明治一般也是用长棍面包做的,比如巴黎三明治,就是在切开的长棍面包中间填上火腿和奶酪片,再加上生菜、淋上酱汁做成的。

适配酒类型　起泡酒,或者轻酒体的干白葡萄酒。

5. 马卡龙

马卡龙是一种夹心小圆饼,表面酥脆,杏仁香味浓郁,口味非常甜。马卡龙的外形精致甜美,受到很多人的喜爱。

适配酒类型　马卡龙口感细致,咬在嘴中有着温柔脆软的感觉,与拥有细致气泡的甜型香槟是一对天生绝配。当然,贵腐甜酒也能与马卡龙形成很好的搭配。

6. 鞑靼牛肉

鞑靼牛肉是在法国相对流行的牛肉料理,以新鲜的生牛肉剁成碎块拌上酸黄瓜、洋葱,并以橄榄油拌匀。可以在牛肉上面打一颗新鲜鸡蛋黄,然后淋上适量的辣酱油调味。

适配酒类型 配搭鞑靼牛肉要用厚重的干红葡萄酒,如以赤霞珠为主的波尔多上梅多克干红以及北罗讷河西拉干红是不错的选择。

7. 酥皮洋葱汤

酥皮洋葱汤被称为"汤中的王后",当酥皮洋葱汤刚出炉时,看起来外壳呈金黄色,与面包布丁非常类似。

适配酒类型 可搭配酒体中等的干红葡萄酒,如博若莱新酒。

三、法国各产区葡萄酒的美食搭配建议

刚刚见识了法国美食与葡萄酒的搭配,下面让我们来看看法国经典产区的葡萄酒要如何与食物搭配吧。

1. 波尔多干红葡萄酒

波尔多左岸上梅多克产区以赤霞珠为主的干红葡萄酒单宁紧致,酒体饱满,适合搭配味道浓郁的肉类菜肴,如西冷牛排、T骨牛排等。这种葡萄酒的经典配菜还有羊排、烤羊腿等。奶酪的丰厚脂肪可以与这种葡萄酒的充沛单宁和谐相配。

波尔多右岸波美侯和圣埃美隆地区以梅洛为主的干红葡萄酒的单宁柔和,富含李子风味,适合搭配烤鸭、猪排,以及软奶酪等。

2. 波尔多干白葡萄酒

波尔多白葡萄酒以长相思为主要葡萄品种,左岸佩萨克—雷奥良和格拉夫产区的干白葡萄酒品质上乘,适合搭配三文鱼、烤金枪鱼等海鲜,十分美味。而在两海之间出产的白葡萄酒则适合搭配味道稍微清淡一些的菜肴,如意大利素食面和沙拉等。

3. 勃艮第葡萄酒

法国勃艮第(Bourgogne)大区级黑皮诺红葡萄酒适合搭配猪肉、火腿、鹅肝酱、山羊乳奶酪、烤芦笋、豌豆和各种冷肉。它也适合搭配味道比较清淡的菜肴。

勃艮第的特级园和一级园等顶级红葡萄酒适合搭配烤鸡、珍珠鸡、鸽子、羊排、生牛肉片、威灵顿牛柳、烤猪肉(加入药草或茴香)、鸡肉腊肠、火鸡腊肠、牛肝、法式牛杂碎、蘑菇调味饭、烤龙虾以及加入野生蘑菇、松露的菜肴。

【延伸阅读】

英国与波尔多葡萄酒

阿基坦女公爵埃莉诺（1121—1204）与法王路易七世在结婚10几年后离婚了，但她很快又再嫁。这一次，她选择了一个比自己年轻10岁的王子，他就是英国国王亨利二世（1133—1189）。婚后不到两年，亨利二世便继承了英国王位，并通过母亲一系继承了诺曼底公国，再加上他娶了埃莉诺而掌管了阿基坦公国（法国当时最大且最富有的省份，其面积几乎是现代法国的三分之一），亨利二世一跃成为欧洲最有权势的国王。

亨利二世觉得必须把阿基坦公国与英国的利益紧紧地捆绑在一起，而最好的纽带就是葡萄酒贸易。亨利二世下令开放英国市场给波尔多葡萄酒，并且给予极大的关税优惠。双方的贸易往来因此频繁起来，波尔多的酒商数量迅速增加，商船载着一桶桶的波尔多酒运往伦敦等地，为波尔多酒在英国的流行和繁荣打下了基础。此后的几百年里，英国一直是波尔多最大的客户，甚至直到今天，伦敦仍然是世界葡萄酒交易的中心。正是拜波尔多所赐，英国人始终牢牢地控制着葡萄酒世界的话语权。

【课后练习】

请你设计一个法式六人晚宴的菜式，并作好相关酒水搭配。

活动3 意大利葡萄酒

**项目二
旧世界
葡萄酒产区**

【学习目标】

1. 了解意大利葡萄酒的历史、分级体系及葡萄生长区的气候环境。

2. 了解意大利重要的葡萄酒品种及产区。

3. 熟悉意大利著名葡萄酒"ABBBC"。

【情景模拟】

又是一堂酒水知识培训课。

"早在史前年代,意大利已经有野生葡萄生长了,但谁是第一个酿造葡萄酒的人现在已难以考证。公元前800年左右,希腊人将葡萄酒风潮带到西西里岛和意大利南部,开启了意大利作为葡萄酒强国的历史。"

意大利几乎所有省份都生产葡萄酒,这里的酒种类十分丰富,不仅有葡萄酒,也有由葡萄酒衍生出来的加强酒、利口酒等。

接下来我们将着重学习意大利的葡萄酒知识。

【相关知识】

一、意大利葡萄酒的历史

意大利是欧洲最早研究葡萄种植技术的国家之一,酿酒历史已经超过3000年。古代希腊人把意大利称为葡萄酒之国——古罗马士兵们去战场时,除了带着武器以外,还带着葡萄苗,征服了哪里,就在哪里种下葡萄。随着古罗马疆域的扩张,葡萄种植和葡萄

酒酿造技术也在整个欧洲传播开来。今天，意大利的葡萄酒产量已占了全世界产量的四分之一，是欧洲重要的葡萄酒出产国。

二、意大利葡萄酒的产区及其气候条件

意大利国土形状狭长，从北到南跨越了10个纬度，又受到了多个山脉和海洋的影响，使得整体气候类型比较复杂，但除了意大利北部属于冬季寒冷、夏季炎热的大陆性气候以外，从亚平宁半岛到意大利最南端的西西里岛都属于地中海气候，常年炎热干旱，葡萄生长季降雨量较低，拥有种植葡萄的良好气候环境。

作为葡萄栽培的"侏罗纪公园"，意大利本土葡萄通过几千年的种植，逐渐适应了当地的气候和环境，已经具备了杰出的耐旱能力，可以更好地表现出意大利各地的风土特色，其中几个比较出名的葡萄品种如：

桑娇维塞（Sangiovese） 是意大利种植面积最广的葡萄，在托斯卡纳地区用其酿造的经典奇昂第葡萄酒相当有名。

内比奥罗（Nebbiolo） 是意大利最伟大的本土葡萄品种，用于酿造意大利葡萄酒王巴罗洛和酒后巴巴莱斯科。

黑达沃拉（Nero d'Avola） 这个源自意大利、绝大多数在西西里地区种植的红葡萄品种目前变得越来越有名，在全世界享有很高的声誉和吸引力。

莫斯卡托（Moscato） 这是世界上最古老的栽培品种之一，一般用于酿造甜型起泡酒或甜白葡萄酒。

当然，由于国土狭长，具体到每个葡萄酒产区，气候区别仍是比较明显的。也正因为如此，意大利才能出产品种多样、风味各异、工艺差别相当大的葡萄酒。

作为世界上最大的产酒国，意大利最优质的葡萄酒主要产自3大产区——威尼托、托斯卡纳和皮埃蒙特。意大利以其ABBBC葡萄酒闻名于世，分别为阿玛罗尼（Amarone della Valpolicella）、巴罗洛（Barolo）、巴巴莱斯科（Barbaresco）、蒙塔希诺—布鲁奈罗（Brunello di Montalcino）以及经典奇昂第（Chianti Classico DOCG）。

1. 威尼托（Veneto）

威尼托是意大利东北部的行政区，首府是威尼斯。由于受到北部山脉与东部亚得里亚海的调节，气候温和而稳定，适合葡萄的生长。这里主要种植卡尔卡耐卡（Garganega）、白玉霓（Trebbiano）和科维纳（Corvina）葡萄。

在威尼托的索阿维（Soave）产区出产的索阿维白葡萄酒是典型的意大利干白葡萄酒，以卡尔卡耐卡等拥有高雅香气和清爽口感的葡萄为原料酿造。而瓦坡里切拉

（Valpolicella）则出产以科维纳等三种葡萄混酿的瓦坡里切拉干红，更有以风干葡萄酿制的里帕索（Ripasso）、雷乔托（Recioto）和被称为"瓦坡里切拉之王"的阿玛罗尼。

威尼托还有意大利的第二大起泡酒产区普罗塞克（Prosecco），这个地区出产的起泡酒口感清淡、柔和，含有坚果的香气。

2. 托斯卡纳（Toscana）

托斯卡纳的天气非常适合葡萄的生长。这里生长着全世界最优质的桑娇维塞葡萄，产出闻名全球的经典奇昂第葡萄酒和蒙塔希诺—布鲁奈罗葡萄酒。后者使用100%布鲁奈罗葡萄酿造，这种葡萄是桑娇维塞葡萄的一个著名变种，也常被称为大桑娇维塞。而经典奇昂第葡萄酒中则至少要含有80%以上的桑娇维塞，且需经过12个月的橡木桶陈酿，其口感中带有红色水果（如酸樱桃、红醋栗、蔓越莓等）、草本植物、烟熏等风味。

3. 皮埃蒙特（Piedmont）

阿尔卑斯山脉为皮埃蒙特带来了冷凉的大陆性气候，因此皮埃蒙特最好的葡萄都产自山脉之间：葡萄园的海拔越高，越能接受更多的阳光，葡萄成熟度也更高。品质完美的葡萄带来了品质更优的葡萄酒。

皮埃蒙特产区用内比奥罗酿造的巴罗洛、巴巴莱斯科葡萄酒分别被称为意大利酒王和酒后，享有盛名。这里也出产世界闻名的阿斯蒂甜型起泡酒和清爽的加维（Gavi）白葡萄酒。另外，皮埃蒙特产量最高的红葡萄酒是用酸度高的巴贝拉（Barbera）红葡萄酿造的。

三、意大利葡萄酒的分级体系

与法国的原产地命名保护制度（AOP）类似，意大利也有自己的葡萄酒分级体系，对产地、品种、种植方法和酿造方法等都作出了具体规定。意大利葡萄酒由高到低可以分为以下四个等级：

1. DOCG

即优质法定产区级葡萄酒（Denominazione di Origine Controllata e Garantita）。DOCG等级由法定产区级葡萄酒（DOC）升级而成，由于部分法定产区级产区出产的葡萄酒品质优良，高出一般法定产区的品质，所以授予该等级。在成为DOC级产区最少五年后，方可申请成为DOCG级别。

2. DOC

即法定产区级葡萄酒（Denominazione di Origine Controllata）。本级别葡萄酒必须按照产区规定的种植、酿造方式生产，并经过检验认证。

3. IGT

指意大利某地区酿制的具有地方特色的地区餐酒（Indicazione Geografica Tipica）。IGT级是意大利最有特色的级别，它对葡萄的产地有一定规定——要求酿酒所用的葡萄至少85%来自所标定的产区，同时必须由该地区的酒商酿制。例如，在托斯卡纳地区，部分酒庄从国外引进赤霞珠、梅洛和桑娇维塞等品种调配在一起生产出来的超级托斯卡纳（Super Tuscans）受到众多国内外消费者的好评。但由于这些国际品种并不是法定产区种植品种，所以只能以地区餐酒级别进行销售。

4. VDT

即日常餐酒（Vino da Tavola），表明该酒是在意大利制造。这类酒的标签上通常只需标明葡萄酒名称、酒精含量与酒厂，无须标示产地、来源、年份等信息。这种酒很少瓶装，大部分是散装酒，常见的有意大利本地餐厅常用的招牌酒。

四、意大利特色酒——风干葡萄酒

意大利最有特色的葡萄酒是风干葡萄酒。风干葡萄酒的历史非常悠久，在人类发明葡萄酒的早期就已经出现了这种制作方法，而古罗马人把这个方法发扬光大并流传至今。

葡萄酒农在采摘葡萄后，将葡萄放在草垫上或者通风的屋子里晒干，新鲜的葡萄果实经过风干而成为葡萄干。之后这些葡萄干被压榨出浓稠的葡萄汁，由于其中的糖分非常高，故经发酵后酿造的葡萄酒的酒精度更高，糖分含量也高，风味更浓郁。

【延伸阅读】

啥是黑公鸡

意大利葡萄酒的酒瓶上，偶尔可以看到一只黑公鸡标志。一旦出现这只黑公鸡，就意味着这瓶酒来自意大利，是其著名葡萄酒品种——经典奇昂第。而且，并不是所有的奇昂第葡萄酒都能使用这个标志的，只有经典奇昂第级别以上的葡萄酒才能拥有。

黑公鸡是如何跟葡萄酒联系上的？这就要从中世纪说起。当时，锡耶纳和佛罗伦萨两个城市之间由于边界问题经常引发战争，混乱不堪。为了结束这种对峙局面，两个城市达成一致意见：以比赛定胜负，规则是：早上公鸡开始打鸣之后，两个城市的骑士分别从自己的城邦出发相向而行，最后以两队相遇的地点作为划分边界的依据。为了决赛那天让公鸡早早打鸣，佛罗伦萨对所养的黑公鸡实行饥饿政策，不给喂食；锡耶纳则对挑出来的白公鸡好吃好喝地供养着。

葡萄酒瓶身上的黑公鸡标志

终于到了决战日。当天，大概是因为饿得睡不着，黑公鸡早早便开始打鸣，而此时，白公鸡还在沉睡中。结果是可想而知的：佛罗伦萨人早早便启程动身了——当他们一直走到距离锡耶纳城仅10几公里的地方时，才遇上锡耶纳城的人。两城界限就此划定。

多亏了那只黑公鸡，佛罗伦萨人在这场交手中占了大便宜，为纪念这次胜利，后来人们便用黑公鸡来代表两城之间的这个边界地带——奇昂第。

【课后练习】

请在网上找出5款属于意大利ABBBC的酒款。

项目二 旧世界 葡萄酒产区

活动4　意大利葡萄酒餐酒搭配

【学习目标】

1. 了解意大利美食及其餐酒搭配。

2. 了解意大利重要产区餐酒搭配。

3. 初步掌握意大利宴会餐酒搭配。

【情景模拟】

李经理正在给员工讲意大利历史文化知识。

李经理："上次我们讲了意大利的葡萄酒知识，现在对这个产区有没有更深的认识呢？"小马："有。这个国家不仅葡萄酒迷人，美食也令人感兴趣呢。"李经理："作为侍酒师，不仅要了解产区国的葡萄酒产区与文化，其历史、文化与美食都需要有所了解。这样一来，客人和你聊起葡萄酒时，沟通才更顺利。"

意大利是欧洲历史古国，在旧石器时代就已有人类在这片土地上生活。据古代神话，传说由母狼哺育和抚养长大的罗慕路斯和他的孪生兄弟雷穆斯于公元前753年建立了罗马。事实上，自公元前2000年左右，古意大利部落就居住于此。让我们一起去领略这个古老国度的魅力。

【相关知识】

一、走进意大利

国旗：意大利国旗从左至右依次为绿、白、红三色。有趣的是，意大利原来国旗的颜色与法国国旗相同，为蓝、白红三色。1796年拿破仑的意大利军团在征战中曾使用由拿破仑本人设计的绿、白、红三色旗，此后意大利国旗才改了颜色。1946年意大利共和国建立，正式规定绿、白、红三色旗为意大利共和国国旗。

国花：意大利的国花是雏菊。意大利人十分喜爱清丽娇娆的雏菊，认为它有君子之风，因此将雏菊定为国花。

文化：意大利有闻名于世的比萨斜塔、风光秀美的水城威尼斯，以及著名的古罗马竞技场等。但意大利的文化并不仅仅于此，14—16世纪始于佛罗伦萨的"文艺复兴"运动，达芬奇、米开朗基罗、伽利略等一批文化与科学巨匠共同缔造的文艺复兴盛况，是值得人类永世传承的精神瑰宝。

民俗：意大利90%以上的居民信奉天主教。他们热情好客，待人接物彬彬有礼，忌讳交叉握手，忌讳数字"13"。

旅游：因为拥有美丽的自然风光和为数众多的人类文化遗产，意大利向来被称为美丽的国度。这个地中海沿岸的半岛国家国土形状狭长，南北差异大，其风光也因此截然不同又同样令人着迷：北部的阿尔卑斯山区终年积雪、风姿绰约，南部的西西里岛则阳光充足而又清爽宜人。以下为部分跟葡萄酒产地有关的景点。

威尼托 位于意大利东北部，坐落于阿尔卑斯山和亚得里亚海之间，是意大利粮食和葡萄酒的主要产区之一，其首府是世界知名"水城"——威尼斯，意大利最著名的城市之一，也是全世界最浪漫的旅行目的地之一。威尼斯有着世界上最具美感的杰作，还有无数的教堂、博物馆和宫殿。

佛罗伦萨 位于意大利中部，是托斯卡纳的首府。佛罗伦萨是一座历史悠久的文化名城，既是意大利文艺复兴运动的发源地，也是艺术爱好者的天堂。这里有花之圣母大教堂，更有无数的博物馆，展出众多著名的壁画和雕塑。

罗马 意大利的首都。罗马的历史绵延20个世纪，这里有很多世界著名的景点，如竞技场、圣彼得大教堂、特莱维S喷泉、梵蒂冈和万神殿等。

二、意大利美食

酷爱美食的意大利在饮食方面拥有悠久的历史，意大利菜也被称为西餐之母。由于海岸线漫长，意大利盛产各类海鲜，当地人大多采用烤或煎的烹饪方式来制作海鲜，以保留海鲜的原味和结实的口感。下面我们来看看意大利的部分经典美食及其配餐酒。

1. 蒜末烤面包

蒜末烤面包是一种意大利特有食品，在烤面包上加上蒜末以及切成小块的番茄，味道酸甜爽快。

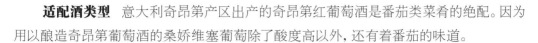

适配酒类型　意大利奇昂第产区出产的奇昂第红葡萄酒是番茄类菜肴的绝配。因为用以酿造奇昂第葡萄酒的桑娇维塞葡萄除了酸度高以外，还有着番茄的味道。

2. 意式披萨饼

风靡全球的披萨饼发源于意大利，下面介绍几种不同口味的披萨饼的葡萄酒搭配。

西红柿披萨饼：除了上面提到的奇昂第红葡萄酒以外，来自皮埃蒙特产区的巴贝拉红葡萄酒与西红柿披萨饼也是一种很好的搭配。巴贝拉红葡萄酒具有浆果风味，酸度较高，单宁中等，非常适合搭配新鲜西红柿和其他蔬菜制作的披萨。

番茄火腿披萨饼：奇昂第红葡萄酒和番茄火腿披萨饼是一种经典搭配。奇昂第葡萄酒带有咸味、酸味和辛辣味，很适合搭配火腿、番茄和辛辣的蔬菜。

夏威夷披萨饼：夏威夷披萨饼（配料为火腿、菠萝）适合搭配以莫斯卡托葡萄酿制的果味甜酒，披萨中的烤菠萝可以突出葡萄酒的水果风味，而甜葡萄酒中的甜味则平衡了火腿的咸味，是一种非常完美的搭配。

3. 意大利香肠

意大利香肠（Salami）是南欧民众喜爱食用的一种腌制肉肠，没有经过任何烹饪，只用加了香料和盐的猪肉灌肠，然后再经发酵和风干而制成。味道微辣，有时候作为意面的配菜出现。

适配酒类型　如果单独吃意大利香肠，可以搭配以澳洲西拉子葡萄酒，这种葡萄酒充满浓郁的紫罗兰风味以及强烈的浆果和香料味，能缓解香肠带来的辣味。也可以用意大利南部西西里岛生产的黑达沃拉红葡萄酒配搭。

4. 意大利苦苣沙拉

这道沙拉由意大利特有的蔬菜苦苣制成，佐以甜豆、盐，材料清新，口感清爽，作为一道意大利宴会中的前菜十分合适。

适配酒类型　适合搭配来自意大利北部皮埃蒙特产区的加维白葡萄酒。它的果香味比较浓郁，可以衬托苦苣清新的口感，同时其甜味能中和苦苣的苦感。

5. 奶油糖馅煎饼卷

奶油糖馅煎饼卷起源于意大利的西西里岛，如今广泛传播到了世界各地。它的做法是将奶酪填入酥脆的油炸面包筒里制成，可以蘸巧克力酱食用。

适配酒类型　可以搭配意大利兰布鲁斯科（Lambrusco）起泡酒，这类起泡酒清爽可口，可以中和奶油的甜腻感。

6. 牛肚包

牛肚包是一款有着1000多年历史的佛罗伦萨小吃，最早是佛罗伦萨的穷人和工人常吃的快餐。其制法为：将牛肚、番茄和香料在一起炖煮直至酥软，切碎后夹在被称为托斯卡纳卷的面包中食用，根据个人口味，还可以加辣、盐或者胡椒。

适配酒类型 适合搭配干型起泡酒，或者酒体较轻的红葡萄酒。

7. 奶酪培根意大利面

意大利面条的起源有两种说法，一说是源自古罗马，另一说是由马可·波罗从中国带回，再经由西西里岛传至整个欧洲。无论起源如何，意面都是我们最为熟悉的一款意大利美食。那么，意大利人常吃的奶酪培根意面又可以怎样搭配呢？

适配酒类型 奶酪培根意面具有牛奶的质感、培根的味道，如果佐以黄油味道比较突出、口感浓郁的意大利产霞多丽白葡萄酒，是一个相得益彰的搭配。

三、意大利葡萄酒与美食的碰撞

下面我们来看看意大利产区的葡萄酒要如何与食物搭配。

1. 内比奥罗红葡萄酒

内比奥罗就是国人通常所说的雾葡萄，因为生长的地区多雾而得名，用该葡萄酿造的葡萄酒通常单宁紧实、耐久，而且酸度很高，因此特别耐经久储存，反而不适合过于年轻饮用。

搭配建议 搭配香煎五香牛肋骨。

2. 奇昂第红葡萄酒

奇昂第葡萄酒是意大利面最经典的佐餐酒。奇昂第葡萄酒通常给人以平易近人之感，所以成为了不少葡萄酒爱好者的心头肉。此外，其明快的风味以及与各种食物之间的极佳融合性受到许多红酒爱好者的喜爱。

搭配建议 番茄酱意面。奇昂第之所以能成为意大利面的经典佐餐酒，是因为它在突出番茄酱风味方面特别出色。需要注意的是，只有传统风格的奇昂第才是意大利面的完美搭配，而现代风格的奇昂第由于口感柔顺且橡木味略重，所以不太适合与番茄酱搭配。

3. 巴贝拉红葡萄酒

巴贝拉葡萄酒拥有很高的酸度，同时橡木桶带来的烟熏、皮革等香气使之风味十足，深受葡萄酒爱好者的喜爱。

搭配建议 搭配意大利皮埃蒙特风味的烤蔬菜后，是一组典型的地区特色餐酒搭配。一盘烤蔬菜拼盘散发着橄榄油的阵阵清香，高酸的巴贝拉不仅能轻易化解橄榄油带来的油腻感，而且在烤蔬菜的烟熏味烘托下，更能凸显酒的甜美果味。

4.普罗塞克起泡酒

普罗塞克葡萄酒大多为干型，酒体轻盈，芳香四溢，适合在其年轻的时候（最好是一年内）饮用。由于果味浓郁，例如含有青苹果、甜瓜、梨和金银花的香气，故入口时有甜味。

搭配建议　普罗塞克起泡酒是配餐界的万能手，能与许多不同类型的菜肴进行搭配。它既可以做餐前酒开胃，又能与前菜进行配餐，搭配味道不那么浓郁的食物，如鸡肉、豆腐、虾或猪肉，能起到清洁口腔的作用。它甜美的香气和气泡还能与辛辣的咖喱配餐，与泰国、越南和新加坡等东南亚国家的菜系也很合拍。

【延伸阅读】

餐酒搭配的四个准则

一、区域搭配原则

区域搭配就是用当地的菜来搭配当地的酒。想象一下，意大利酒与意大利菜、美国俄勒冈州的黑皮诺与来自俄勒冈州的奶酪搭配食用是件多么惬意的事情！区域搭配或者不是最完美的一种搭配方式，但却能为顾客提供一种异国的风情。

二、甜与咸的搭配

甜葡萄酒与咸的食物搭配在一起，对于味蕾来说，是非常美味的享受。甜的雷司令与亚洲炒饭、炒面以及一些低热量的甜品，是很合适的搭配。

三、苦与油的配合

含有大量脂肪的肉类食品与高单宁的红酒很搭。然而，还有更好的搭配：含有醋果风味的意大利桑娇维塞酒。还可以采用经典的托斯卡纳红酒与烟熏过的西红柿进行搭配。

四、酸与油的碰撞

一款高酸的葡萄酒能给口味重的菜添加一些有趣的风味，这就是为什么白葡萄酒更适合与黄油搭配的原因了。如果有瓶起泡酒摆在你面前，你可以毫不犹豫地选择芝士蛋糕之类餐食来与之搭配。

【课后练习】

请你设计一份6人份的意大利餐晚宴菜单，包括菜品、搭配酒款以及预算。

活动5 德国葡萄酒

项目二 旧世界葡萄酒产区

【学习目标】

1. 了解德国葡萄酒的历史、分级体系及葡萄生长区的气候环境。
2. 了解德国重要的葡萄酒品种及产区。

【情景模拟】

酒水知识培训课上，李经理向员工讲解有关冰酒的知识。

"冰酒（Icewine）是冰葡萄酒的简称，德语称做Eiswein，最初诞生在多茹斯海姆（Dromersheim），这个地方是莱茵河畔城市宾根（Bingen）的一部分。据传，德国第一批冰果葡萄酒是1830年2月11日从1829年收获的葡萄中酿造的。当时的酒农因为质量不好而没有及时采摘葡萄，直到冬天才采收，原本打算作为牲口饲料用。然而，酒农发现，冰冻后的葡萄很甜，口味香浓，果汁中含有葡萄果糖比重很高。于是，他们把葡萄榨成汁，冰酒由此诞生。为了庆祝这个伟大的发现，将此酒命名为'冰酒'。"

我们在酿造的章节中学过，留在葡萄树上的葡萄在经过了自然界的冰冻过程之后，葡萄的糖分和风味得到浓缩。经过二百多年的发展，冰酒已经成为酒中极品，以德国的雷司令品种为例，其口感优雅而具有很高的天然酸度，即便做成甜酒，也不会因为糖度高而让人感到甜腻，所以在德国，甜葡萄酒倍受欢迎。

【相关知识】

一、德国葡萄酒的历史

德国有"啤酒王国"之称，虽然德国的葡萄酒没有啤酒那么大的名声，但也有着悠久的酿造历史。德国种植葡萄的历史可追溯到公元前一世纪，当时，罗马帝国占领了日耳曼领土的一部分，即现在德国的西南部。随着征服而来的，是葡萄树的栽培种植和酿酒工艺的传播。

中世纪，由于基督教修道院和修道士的传承和发展，德国的葡萄酒酿造技术得到了进一步提高。时至今日，德国已经形成了特有的、与音乐和生活紧密相连的葡萄酒文化。一年一度丰收季节的德国葡萄酒女王选举和仲夏时节在葡萄酒产区举行的音乐会，更是把德国葡萄酒文化渲染到极致，吸引着无数游人酒客流连忘返。

二、德国葡萄酒的品种、产区及其气候条件

德国是全世界最北的葡萄酒产区（北纬47～55度），属于凉爽的大陆性气候，南部的巴登（Baden）产区气候温暖，夏季湿润，秋季的成熟后期降雨较少。漫长的凉爽成熟期使得葡萄有充足的时间积累糖分，保持酸度，也有利于感染贵腐菌（有利于酿造优质、高价的贵腐酒）。所以寒冷的气候在一定程度上限制了德国的葡萄种植业，这里所种植的葡萄品种也主要以白葡萄为主。这是雷司令成为德国葡萄酒"国王"的主要原因——在德国，雷司令的种植面积约占全世界该葡萄品种种植总面积的60%，且这一数据还在持续增长中。

德国所种植的葡萄品种近140种，其中有20多个品种较受市场欢迎（见第II页图⑤—⑥）。这些葡萄品种以白葡萄品种为主，如雷司令、米勒—图高、灰皮诺、白皮诺等。红葡萄品种则有黑皮诺、丹菲特等。下面我们着重介绍常见的雷司令、米勒—图高、黑皮诺和丹菲特四个品种。

雷司令（Riesling）　德国是雷司令葡萄的故乡，其风味与土壤有很大关系。种植在粘土上的雷司令会有柠檬的香味，而种植在板岩上的雷司令葡萄酒会带着矿物质味道，以及打火石的气息。而经过陈年后成熟的雷司令会带有高贵的汽油味，正是这些特殊的香气令葡萄酒爱好者们对德国雷司令心驰神往。

米勒—图高（Muller-Thurgau）　米勒—图高是德国的杂交葡萄品种，主要用来酿造口感清淡的廉价半甜白葡萄酒，即"圣母之乳（Liebfraumilch）"，并大量出口至世界各地。采用米勒—图高酿造的白葡萄酒带有蜜桃、葡萄和类似麝香的芳香，有时还带有花香，但与雷司令相比，口感较为粗糙。

黑皮诺（Spätburgunder）　在德国，黑皮诺被称为Spätburgunder，意思是来自于勃艮第的红葡萄，它是德国种植最好的红葡萄品种，有着鲜明的特性——精致细腻、有层次感的红色水果香，以及淡淡的烟熏和杏仁香气。同时德国的高纬度给予了黑皮诺更长的生长周期，使它拥有了独一无二的风格。

丹菲特（Dornfelder） 丹菲特是德国特有的葡萄品种，今天已经成为德国最受欢迎的红葡萄品种之一。丹菲特酿造的葡萄酒易于上口，有着樱桃和加仑水果的芬芳，单宁温暖柔和，色泽呈深红色。该葡萄品种十分易于种植，酿造的葡萄酒年轻时就能饮用。

德国共分成13个葡萄酒产区，北部地区生产的葡萄酒一般清淡可口，芳香馥郁，幽雅脱俗，并有新鲜果酸。而南部生产的葡萄酒则圆满充实，果味诱人，有时带有更刚烈的味道但又不失温和适中的酸性。接下来将介绍几个重点的产区。

摩泽尔（Mosel） 从葡萄酒的角度而言，摩泽尔之于德国，有如波尔多之于法国，其重要性可想而知。这里以出产精巧复杂且陈年潜力强大的葡萄酒著称，其中以甜白葡萄酒最为知名，红葡萄酒产量少。伊贡慕勒（Egon Muller）酒庄的贵腐果粒精选葡萄酒（TBA）甜酒就位居世界50大最贵葡萄酒中的第二名，所以该产区也被公认为德国最好的白葡萄酒产区之一。摩泽尔雷司令带有桃子、板岩矿物质等气息，尝起来为半干口感。

摩泽尔产区位于德国西北部，板岩土壤是这里最大的特色，它能够吸收太阳热量并反射太阳光照，帮助葡萄充分成熟。而且，长长的摩泽尔河及其支流蜿蜒其中，葡萄生长在陡峭的河谷中，充分暴露在阳光之下。此外，由于位置向北，这里的气候相对凉爽，西部受大西洋影响，气候变化不大，这使得酒中的果酸十分充沛。

这里的葡萄园多建在异常陡峭的山坡上，机械设备难以运作，葡萄全部由人工采摘。

莱茵黑森（Rheinhessen） 德国最大的葡萄酒产区。这里是德国最干燥、最温暖的地区，特别适宜葡萄种植。所产葡萄品种及葡萄酒种类丰富，白葡萄酒、红葡萄酒、起泡酒均有生产，占据德国出口葡萄酒的一半之多。这里自罗马时代就开始种植葡萄，过去主要生产廉价的混酿葡萄酒。今天，随着年轻一代酒农将他们的专业知识和资金不断投入到酒窖和葡萄园中，酒的质量和产区的葡萄酒形象被大大提升，莱茵黑森也成为德国最有活力的葡萄酒产区之一。

莱茵高（Rheingau） 莱茵河在莱茵高绕了个小弯，形成了一段从东往西的河流，葡萄多种植在朝南的斜坡上，每年1600个小时的日照时间极大地促进了葡萄的成熟。莱茵高雷司令以其强劲、深邃、凝练著称。

巴登（Baden） 德国位置最南的产区。这里也是德国葡萄酒人均消费最高的地区之一，是当今德国新兴葡萄酒产区中的代表。由于位置偏南，这里日照时间极长，是德国最温暖的地区，出产的重要葡萄品种有黑皮诺、灰皮诺、白皮诺、雷司令等。巴登产区除

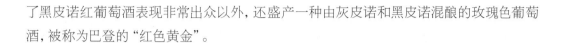

了黑皮诺红葡萄酒表现非常出众以外,还盛产一种由灰皮诺和黑皮诺混酿的玫瑰色葡萄酒,被称为巴登的"红色黄金"。

三、德国葡萄酒的分级体系

1971年颁发的葡萄酒法成为德国葡萄种植、葡萄酒酿造方面的基本法,它对葡萄酒的产品等级有着明确的定义。

德国气候寒冷,葡萄成熟度对葡萄酒的影响非常大,因此德国葡萄酒的等级是依据葡萄采摘时候的成熟度来划分的,而成熟度则主要以葡萄所含糖分的高低来划分。

德国葡萄酒主要分两大类,即低等级的日常餐酒(Table Wine)和高等级的优质葡萄酒(Qualitätswein)。

前者包括了地区餐酒(Landwein)和日常餐酒(Tafelwein)两个等级,在德国,仅有3.6%的总葡萄酒产量属于这两个等级。

绝大多数的德国葡萄酒属于后者——优质葡萄酒(Quality Wine),它们对于原产地葡萄的品种选定、采收时期、所产酒的酒精度、酒标上所标注的内容等都有严格的规定,其中又分为高级优质葡萄酒(Qualitätswein mit Prädikat,简称QmP)和优质葡萄酒(Qualitätswein bestimmter Anbaugebiete,简称QbA)两个等级:

1. 优质葡萄酒(QbA)

优质葡萄酒必须来自德国13个葡萄种植产区之一,瓶子上必须标注产区名字。QbA等级葡萄酒可以是干型、半干到半甜(一般在酒标上会有显示),允许往发酵前的葡萄汁里加糖,用以提高酒精度。

2. 高级优质葡萄酒(QmP)

高级优质葡萄酒是德国葡萄酒的最高等级,产自德国 13个法定产区,在酿造过程中不允许加糖。根据自然糖分含量的多少,又可细分为以下6个等级:

珍藏酒(Kabinett) 清淡、优雅的葡萄酒,酒精含量比较低,由正常采摘季节收获的葡萄酿成。

晚收酒(Spätlese) 优雅、醇厚的葡萄酒。一般在葡萄成熟后再过7至10天再进行采摘,其香气和酒体都较珍藏酒浓重一些,有明显的果香。

精选酒(Auslese) 通常是甜型酒。在晚收酒的基础上,逐串精选非常成熟的葡萄,并将没有熟透的葡萄去除后酿制而成。

果粒精选酒(Beerenauslese) 简称BA,即手工逐粒精选那些已经长出贵腐霉菌的葡萄酿造而成的葡萄酒。这些葡萄受贵腐菌感染,葡萄汁中含有比较高的浓缩糖。

这是一种昂贵优质的甜型酒，能保存很长时间。

冰酒（Eiswein） 由从自然冰冻状态采收的葡萄直接榨汁酿造而成。最理想状态是在－10℃左右的温度采收天然糖份含量非常高的健康葡萄酿造。冰酒有很好的保存潜力。

贵腐果粒精选葡萄酒（Trockenbeerenauslese） 属于非常优雅，储存期特别长的甜型酒。酿制这种酒，要等到葡萄基本干枯了才进行采摘。由于糖分浓度非常高，很难进行正常的发酵，所以酒精度一般不超过6度，且需陈年10年以上。其香味如蜂蜜和热带水果，酒液浓香，口感丰富。世界上最贵的白葡萄酒伊贡慕勒贵腐果粒精选葡萄酒（TBA）就属于此类。

四、其他小知识

塞克特（Sekt） 德国起泡酒的称呼。大约95%的德国起泡酒是采用罐中发酵法酿成，同时至少90%的德国起泡酒全部或部分使用从意大利、西班牙和法国等国家进口的葡萄酿造。但是，酒标上标明德国塞克特（Deutscher Sekt）的起泡酒，则必须全部使用德国本地产的葡萄酿造，所用的葡萄品种多为雷司令、白皮诺、灰皮诺和黑皮诺等。

德国名庄联盟（VDP） 全称是Verband Deutscher Pradikatsweinguter，是一个声望卓著的葡萄酒协会，由来自德国各地最好的酿酒商自发组成，旨在保证和提高德国葡萄酒的质量和品质。这个协会还会对德国最好的葡萄园作出认可，允许其成员在酒标上使用该组织特有的商标术语和鹰状标识（见第VIII页图④）。

【延伸阅读】

德国葡萄酒的各种节日

德国是世界上拥有最多葡萄酒节庆的国家，虽然这些节日都只在德国生效，但它们早已声名远播。比如9月的"香肠集市"，这是世界上最大的葡萄酒节，也是德国有名的优质葡萄酒的庆祝活动。又比如初春3月的杏花节，是最具有浪漫主义色彩的节日。在杏花节上，会有诸如花形糖饼干的颇具浪漫色彩的美食提供，更有果香浓郁的雷司令和黑皮诺葡萄酒开始上市。可以说，这个节日带动了当地的人文旅游，每年都有许多游客慕名而来。

除此之外，为了更好地弘扬德国葡萄酒文化，鼓舞更多人成为葡萄酒专业人士，德国每年还会举办"葡萄酒公主"及"葡萄酒女皇"投票选举大赛：由13个法定产区各自推选出一名"葡萄酒公主"，再从这13位公主中角逐出皇后。参赛者必须来自葡萄酒生产世家，或受过完整的葡萄种植学、酿造学等专业教育。

葡萄酒皇后在当选后的一年中，要负责各葡萄酒节日的开幕式，接受媒体采访和参加品酒会，甚至需要访问一些德国葡萄酒的主要进口国家。

（来源：搜狐网）

【课后练习】

判断题

1. BA是德国葡萄酒里最甜的一个级别。　　　　　（　　）
2. 摩泽尔以黑皮诺而出名。　　　　　　　　　　（　　）
3. 莱茵河的雷司令有着丰富的黑莓果味气息。　　（　　）

活动6 德国葡萄酒餐酒搭配

【学习目标】

1. 了解德国美食及其餐酒搭配。

2. 了解德国重要产区餐酒搭配。

3. 初步掌握德国宴会餐酒搭配。

【情景模拟】

小马与小李正在讨论经理布置的德国酒餐酒搭配考核作业。

小马："德国酒的知识不算特别复杂,可是说起配餐还真是一头雾水。"

小李："其实掌握一些葡萄酒搭配要领后,是不难的,更何况德国葡萄酒的特点这么突出。"

小马："那我们先一块儿去了解一些德国美食的相关知识吧,会更容易入手。"

小李："了解国家文化也是一个很好的方式哦。"

德国位于欧洲中部,东邻波兰、捷克,南接奥地利,西接荷兰、比利时、卢森堡、法国,北接丹麦,濒临北海和波罗的海,是欧洲邻国最多的国家,也是欧洲人口最稠密的国家之一。

【相关知识】

一、走进德国

国旗:德国的三色旗的来历众说纷纭,最早可追溯到公元一世纪的古罗马帝国。旗面自上而下依次由黑、红、金三道条纹平行相等组成。黑色代表勤勉与力量,红色象征国

民的热情,金色则代表重视荣誉。

国石:德国的国石是琥珀(Amber),意思是"精髓"。琥珀实际上是一种特殊的"松脂化石",是由于第三纪松柏科植物的树脂被埋于地下,后经石化作用而形成的。

音乐:德国是音乐家的摇篮,为古典音乐贡献了多位世界级的音乐家,包括巴赫以及古典主义音乐最重要代表人物之一的贝多芬。

文化:受意大利文艺复兴的影响,德国的文学在18世纪走向顶峰。歌德、海涅、格林兄弟等都是杰出的代表。

旅游:德国拥有悠久浓厚的文化历史和丰富多样的如画般的自然风光。接下来让我们去看看德国与葡萄酒产区相关的的一些著名景点吧。

莱茵河谷　莱茵河是德国文明的摇篮,她发源于瑞士境内的阿尔卑斯山,流经德国、列支敦士登、奥地利、法国和荷兰,其最美的一段河谷就位于德国境内。莱茵河谷地区在历史上曾发生过许多重大事件,既有过安定繁荣的黄金年代,也经历过血与火的战争洗礼。

莱茵河流经的莱茵高产区是德国重要的葡萄酒产区之一,也是著名的雷司令白葡萄酒的故乡。放眼望去,两岸尽是爬满葡萄藤蔓的梯田,一座座古老的酒庄散落其间,形成了这一地区独特的葡萄酒文化。

普法尔兹　这里是中欧地区文化历史最古老的地区之一,著名的"葡萄酒之路"在普法尔兹森林旁通过,美景丽色常年吸引着大量游客到此游览、休假和疗养。

巴登　巴登是德国著名的度假胜地,位于黑森林西北部的奥斯河谷,是世界著名的温泉疗养地、旅游度假胜地和国际会议城市。巴登背靠青山,面临秀水,被称为欧洲的夏都。它的历史悠久,拿破仑三世、俾斯麦、维多利亚女王等众多历史人物均在此居住过。

柏林　德国首都柏林是德国"最翠绿"的大都市,城中的森林、公园和人工绿地多过任何其他大城市。泰格勒湖、瓦恩湖与河流和运河等水域相连,像银链般蜿蜒穿城。漫游在市内,高雅艺术与街头艺术相结合,古典建筑和现代建筑相映衬,处处显出古城名都的雄伟气派,又随时提供给游人丰富多彩的体验感。

二、德国美食

说到德国,人们最先想到的大概是强大的汽车制造业、先进的医疗器械、完善的社会保障制度、严谨认真的做事风格。其实,德国的美食却也让人垂涎欲滴。德国美食最为人熟知的莫过于德国啤酒和猪脚、香肠。此外,德国还是世界上食用面包最多的国家。

1. 德国猪脚

德国猪脚堪称一道享誉世界的名菜，也是德国人的传统美食之一，有炭烤和水煮两种做法。

炭烤猪脚在南部巴伐利亚尤受欢迎的，一般会佐以大蒜及香料一起浸泡或预先煮过，再烤到表皮酥脆，搭配芥末酱、辣椒一起上桌。烤制后的猪脚皮香肉厚，脆而不干，最具嚼劲。烟熏猪脚则是将猪脚煮熟后，以木炭烟熏的方式，将传统德国调味料的风味完全封在猪脚里。看起来油滑光亮的猪脚，表皮柔软而有嚼劲，脂肪部位也有弹性。

适配酒类型 可用口感较为饱满的干白葡萄酒或是中等酒体的干红进行配搭，例如来自巴登的黑皮诺。

水煮猪脚是德国首都柏林的通常做法。猪脚加入酸菜和各式香料一起熬煮，烹饪方式比较像是中国菜的"炖"，翻动几次等到烂熟后享用，口感和烤猪脚完全不同。

适配酒类型 德国本土的雷司令最适合搭配水煮猪脚。

2. 黑森林蛋糕

可能你会猜出黑森林指的是德国的黑森林地区，对于蛋糕为什么叫黑森林一直有不同的说法。一说因为配料用樱桃酒，是黑森林的特产，因此得名；也有说蛋糕的巧克力碎末让人想到黑色的森林。

适配酒类型 适合搭配甜型的德国冰酒。

3. 碱水扭结面包

德国人对巴伐利亚人的印象就是穿着传统的皮裤，坐在铺着蓝白相间条纹桌布的桌子前，一边喝啤酒，一边吃碱水扭结面包（Brezel）。人们会把扭结面包横面切开，然后涂抹上黄油。不过这种南德食品早已风靡全国，人们能够在各个地区买到撒上了粗盐粒的甘香松软的扭结面包。每一个面包屋，每一个地铁面包小店，每一个超市，几乎每个传统餐厅，都有它的身影。

适配酒类型 适合搭配酒体较清淡、简单易饮的米勒—图高白葡萄酒。

4. 荞麦蛋糕

荞麦蛋糕起源于中亚，分为荞麦做的蛋糕、越桔果酱和奶油三层，顶层撒上越橘或者是巧克力碎。

适配酒类型 荞麦蛋糕作为甜点类型菜品，适合搭配甜型雷司令。

5. 咖喱香肠

柏林最著名的小吃是咖喱香肠，食用时往往在烤香肠上淋上蕃茄酱和咖喱粉，是二战后多元文化下的产物。

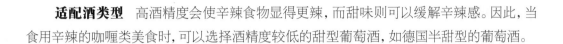

适配酒类型　高酒精度会使辛辣食物显得更辣，而甜味则可以缓解辛辣感。因此，当食用辛辣的咖喱类美食时，可以选择酒精度较低的甜型葡萄酒，如德国半甜型的葡萄酒。

三、德国葡萄酒与美食的碰撞

在认识了德国美食后，我们来看看德国产区的葡萄酒如何与食物搭配吧。

1. 雷司令

德国雷司令举世闻名，可能在很多人的印象中，此种葡萄酒是经典的甜型葡萄酒，但实际上，雷司令葡萄酒风格多种多样，有甜型有干型，酒体有清淡也有饱满。所以雷司令葡萄酒能够与其他多种食物搭配佐餐。

干型雷司令　干型雷司令是海鲜食品以及涂了奶油或黄油酱的食品的最好选择。除了能够提高鱼肉的风味外，它还能与风味不那么浓郁的小牛肉和猪肉等搭配。此外，加了醋和酱油等调料的沙拉也可以成为干型雷司令的配餐。印度美食中的咖喱烧和唐杜里烹饪法制作的鸡肉或鱼肉等都能很好与干型雷司令葡萄酒搭配。

甜型雷司令　甜型雷司令可以配搭辛香味的鸡翅或是烟熏味的贝类鱼肉。另外，口感较甜的雷司令葡萄酒可以与浓郁的奶酪配搭，例如蓝纹奶酪配甜型雷司令。当一顿饭快要收尾的时候，你也可以选择用雷司令为甜点佐餐。甜型的葡萄酒与果味和奶油味的美食搭配在一起会形成非常美妙的口感。这类美食中比较典型的是水果烘焙蛋糕，因为甜型的雷司令可以让食物中水果的风味更加突出。

2. 黑皮诺

产自德国的黑皮诺风格优雅，果香较为浓郁。适合搭配的美食有烤鸡、加入香料的德国烤猪肉、火鸡腊肠、牛肝、烤龙虾等的菜肴。

3. 冰酒

最好的冰酒能够在酸度跟甜度之间达到很好的平衡，德国雷司令冰酒的最大特色在于高酸和矿物质风味。它洋溢着橙子和柑橘的气息，适合搭配一系列的奶油味甜点和各式菜肴，如鹅肝酱、奶油焦糖布丁等。

【延伸阅读】

关于葡萄酒的小知识

一、过桶与不过桶

过桶后的葡萄酒或多或少会带有橡木桶的风味，使葡萄酒的味道变得更为复杂。由于橡木桶中也含有一定量的单宁，葡萄酒在其中熟化时会吸收桶中的单宁，从而使葡萄酒的骨架和结构更为坚实。而且橡木桶的大小、种类、新旧程度、烘烤程度以及使用比例都会对葡萄酒产生不同程度的影响。比如法国橡木桶一般会带来烟熏、皮革、雪松、焦糖等风味，而美国橡木桶则会带来香草、椰子、奶油、烤坚果等风味。而过不过桶主要取决于酿酒师想要酿造何种风格的葡萄酒。

二、摇杯

我们经常会看到别人喝葡萄酒时会有摇杯这个动作，这个动作能唤醒在瓶中沉睡已久的葡萄酒，让香味充分释放出来，与氧气接触，以便饮用者体会到更加完整的葡萄酒气息。

三、葡萄酒中的沉淀物

有时候打开一瓶红酒，里面会有一些沉淀物或者酒渣，出现这种情形的原因有两种：一种是葡萄酒经陈年变醇后，自然产生的沉淀物。一些名庄葡萄酒大概七八年后会开始出现沉淀物，而不能久存的葡萄酒则在一两年后出现。

另一种是出现葡萄酒结晶石。形成结晶石的主要原因是酒瓶被放置于特别冷的环境当中，例如置放于温度特别低的冰箱里。酒石结晶体的形状没有一定的规律，有时还有点黏性，通常附着在瓶底、瓶肩，或者出现在软木塞之底端（平放或倒置酒瓶的缘故）。

白葡萄酒结晶石的外观看起来颇似白砂糖，而红葡萄酒结晶石则呈现出紫色。以上出现的这些沉淀物/晶体并不会影响葡萄酒的口感，对人体健康也无任何损害，可以放心饮用。

【课后练习】

用几个较为出名的德国葡萄品种生产的酒进行配餐，所配菜品地区不限，并以小组的形式进行展示，阐述搭配的理念及原理。

活动7 西班牙与葡萄牙
葡萄酒知识及餐酒搭配

【学习目标】

1. 了解西班牙葡萄酒的历史、分级体系、餐酒搭配,以及葡萄生长区的气候环境。

2. 了解葡萄牙葡萄酒的历史、分级体系、餐酒搭配,以及葡萄生长区的气候环境。

【情景模拟】

西餐厅下班了,李经理拿了一瓶上面写着Rioja的酒过来笑着问:"我们下午一起品尝下这瓶酒好吗?"

"当然好。"员工们回答。

"那你们知道这瓶酒是哪里的吗?"

"这个嘛……"

"经理,这瓶酒是来自西班牙的。"小马低头查了下自己的笔记回答到。

西班牙和葡萄牙同处在欧洲的伊比利亚半岛上,公元1143年,葡萄牙成为独立王国;1480年,西班牙王国正式建立。此后,这两个国家一同拉开大航海时代的序幕,欧洲人由此发现了南北美洲、大洋洲和非洲。本节主要了解西班牙和葡萄牙的葡萄酒。

【相关知识】

一、西班牙葡萄酒

1.西班牙葡萄酒历史

西班牙的葡萄种植历史大约可以追溯到公元前4000年,但是直到19世纪中叶之前,西班牙葡萄酒并没有任何值得炫耀的地方。1868年,一场灾难改变了一切:那一年,法国多个葡萄酒产区爆发了根瘤蚜虫病,葡萄树成批成批地死亡,又被大面积地铲除,使得大批波尔多酿酒师不得不南下寻找适合种植葡萄的土地,西班牙里奥哈成为选中之地,法国酿酒师们的技术与经验同时落地于此。虫灾导致法国葡萄酒供应紧缺,不得不从西班牙进口大量的葡萄酒,最终推动西班牙的葡萄酒进入腾飞期。

2. 西班牙葡萄酒等级

西班牙的葡萄酒等级分为五级,在中国市场上比较常见的是DOCa和DO两个级别的葡萄酒。

优质法定产区酒DOCa (Denomination De Origin Calificda) 这是西班牙葡萄酒的最高等级,比DO更严格地规定产区和葡萄酿制。目前符合DOCa标准的产区有里奥哈和普里奥拉托 (Priorato) 两个产区 (因为普里奥拉托属于加泰罗尼亚地区,所以按加泰罗尼亚语称DOCa为DOQ)。

法定产区酒DO (Denomination De Origin) 与法国AOP相当,较严格管制产区和葡萄酒质。西班牙已经有62%的葡萄园拥有DO资格,但水平参差不齐。

其余三个等级为优良地区餐酒VDLT (Vino De La Tierra)、优质日常餐酒VC (Vino Comarcal) 和日常餐酒VDM (Vino De Mesa),多数在西班牙国内销售,中国市场较少见。

另外,由于西班牙葡萄酒在酿酒工艺上需要在橡木桶中长时间熟成,因此在法定产区 (DO) 以上级别的葡萄酒中,又会根据熟成的时间由低到高分为:新酒 (Joven)、陈酿酒 (Crianza)、珍藏酒 (Reserva)、特级珍藏酒 (Gran Reserva) 这四个等级。

3. 西班牙葡萄酒产区

以下是西班牙主要产区特色酒简介:

里奥哈 西班牙最重要的红葡萄酒产区。分为上里奥哈、下里奥哈和里奥哈阿拉维萨。这里主要使用的葡萄品种为丹魄、歌海娜和格拉西亚诺 (Graciano),生产混酿型的里奥哈葡萄酒。这种葡萄酒充满红色水果、香草和香料等的香气。

杜罗河岸 (Ribera del Duero) 位于西班牙北中部地区,1982年被划分为西班牙法定产区 (DO),以丹魄红葡萄酒最为著名。其中被称为西班牙拉菲的维加西西里亚酒庄 (Vega Sicilia) 就坐落于此。

加利西亚 (Galicia) 位于西班牙西北部,邻近大海,是著名的西班牙白葡萄酒产区。这里气候凉爽潮湿,酿造的阿尔巴利诺 (Albarino) 干白葡萄酒新鲜的果香丰富、酸度高,可与当地出产的各类海鲜完美搭配。

二、西班牙美食及其餐酒搭配

1. 西班牙海鲜烩饭（Paella）

西班牙海鲜烩饭起源于稻米产区瓦伦西亚，烹制时使用多种配菜，如墨鱼、贝类、大虾、鸡肉、腊肠和时蔬，加入藏红花调味，并使用西班牙传统的平底大铁锅制作。

搭配建议　清爽具有果香的2~3年的新年份白葡萄酒。必须强调的是，在食用西班牙什锦饭时，一定要避免搭配红酒。因为红酒中的单宁酸会使什锦饭失去其特有的浓郁香气。

2. 塔帕斯（Tapas）

在西班牙的午饭和晚饭中间这段漫长的时间里，人们经常食用塔帕斯：少量的食物被装在一片小面包上，并把它像盖子一样顶在酒杯上，即为塔帕斯（西班牙语中，为"盖子"之意）。塔帕斯的种类有上百种，最出名的有安达卢西亚的炸小鱼、炸小虾，加纳利的皱皮土豆、烤牛肝，还有薯条、鱼丝、海鲜、香肠、火腿、肉片、橄榄。除此之外，与橄榄油、番茄酱一起烤的面包、点心也能作为塔帕斯。

搭配建议　在不同的地区，人们会用不同的葡萄酒搭配塔帕斯，一般而言雪莉酒和卡瓦起泡酒是不错的选择。

3. 伊比利亚火腿（Iberia Ham）

伊比利亚火腿是西班牙又流行又最昂贵的食品，以食用橡树子的黑毛猪后腿经加工后制成。火腿可以切成薄片生吃，也可以一片火腿配一块面包、一块饼干或卷着哈密瓜食用。

搭配建议　用里奥哈红葡萄酒或雪莉酒搭配伊比利亚火腿，是一个相当好的选择。

三、葡萄牙葡萄酒

1. 葡萄牙葡萄酒历史

葡萄牙自古以来盛产葡萄和葡萄酒，有着"软木之国"和"葡萄王国"的美称。17世纪英法百年战争的时候，英国急需寻找法国葡萄酒的替代品，于是葡萄牙便取代法国成为英国主要的葡萄酒供应国。当年的葡萄酒主要以橡木桶作为容器运输，由于两国间路途遥远，在海上运输时，葡萄酒很容易变质。后来葡萄牙人在葡萄酒里加入了葡萄蒸馏酒（白兰地）用以提高酒精度，这样就可以使酒不容易变质，保证了葡萄酒的品质。这种酿造方式随之流传至今，成为世界闻名的波特酒。

19世纪，当地葡萄树受到根瘤蚜虫病的袭击，葡萄酒产业从此萎靡不振。直到1986年，在葡萄牙加入欧盟并对葡萄酒产业做出了许多革新后，葡萄酒产业才开始复兴。

2. 葡萄牙的气候条件

受大西洋影响,葡萄牙大部分地区均属于海洋性气候,但部分内陆地区属于大陆性气候,多样化的气候条件促成了葡萄牙葡萄酒的多样性。

3. 葡萄牙葡萄酒产区及葡萄酒

葡萄牙种植的葡萄多为本地品种,以国家杜丽佳(Touriga Nacional)、杜丽佳法兰克(Touriga Franca)以及丹魄(葡萄牙语名为Tinta Roriz)等品种为主。除了出产世界知名的加强酒波特酒以外,葡萄牙也出产着众多优质的红白葡萄酒。下面来介绍一下葡萄牙的知名产区:

杜罗河产区(Douro) 杜罗河产区有着独特的历史、多样的土壤和独特的葡萄品种,杜罗河缓慢流经这一产区,这里的天气较为炎热,以波特酒而闻名。除了波特酒以外,杜罗河酿造的红葡萄酒酒体饱满,有着浓郁的黑色浆果和香料的香气。

绿酒产区(Vinho Verde) 绿酒产区是葡萄牙白葡萄酒的重要产区,位于葡萄牙西北角,面临大西洋,降雨量丰富,气候潮湿。绿酒酒体轻盈鲜美,高酸,酒精含量低,还有一点微起泡。阿尔巴利诺(Alvarinho)是最常用来酿造绿酒的葡萄品种。

四、葡萄牙美食及其餐酒搭配

由于气候温和,葡萄牙的海产丰富,鱼、海鲜、肉类便和米饭、面包、马铃薯共同组成了葡萄牙美食的主料。由于葡萄牙曾经是殖民地国家,在饮食中也会使用来自前殖民地的众多香料。下面我们一起来学习葡萄牙的美食及其餐酒搭配吧。

1. 葡式烤乳猪

葡式烤乳猪在烘烤前先用橄榄油、葡萄酒、黑胡椒、百里香、大蒜等材料制作的调味汁进行腌渍,烘烤的过程中在表皮涂上橄榄油。烘烤出来的乳猪外皮香脆,肉质柔嫩多汁。食用时切成大块,配以薯片和橙子,再加上香浓的鲜胡椒浇汁,把味觉享受推向巅峰。

搭配建议 除了葡萄牙本地红葡萄酒以外,它还可以与黑皮诺干红葡萄酒(Pinot Noir)、梅洛干红葡萄酒等搭配享用。

2. 葡式烟熏火腿

葡萄牙火腿都讲究用放养的黑猪肉制作,用烟熏的加工方法赋予火腿浓郁的烟熏香味,使得葡萄牙火腿与西班牙、意大利的纯风干的火腿风味截然不同。在葡国菜餐厅中,通常只食用火腿的瘦肉部分,火红的瘦肉被切成薄薄的小片,食之烟熏味浓郁,干香咸鲜。

搭配建议　杜罗河红葡萄酒。这种酒酒体饱满强劲,搭配同样口感浓厚的菜品十分适宜。

3. 布拉斯式鳕鱼

葡萄牙人每年都要吃掉大量的鳕鱼,而腌鳕鱼干是葡萄牙的国菜,是圣诞节的主餐。布拉斯式鳕鱼是由腌鳕鱼碎片、洋葱、细细的土豆条和鸡蛋做成的,最后再点缀上黑橄榄和香菜。

搭配建议　这是一道较为清淡的菜品,可以用白葡萄酒绿酒来搭配。因为绿酒有轻微的起泡口感,十分清新,与这类鱼类菜品相搭。

4. 葡式炖煮

葡式炖煮是非常重口味的一道菜肴,是各种肉类如猪肉、牛肉、鸡肉,各种香肠火腿培根,以及胡萝卜、土豆、包菜、豆类等蔬菜的大杂烩。

搭配建议　通常搭配葡萄牙当地红葡萄酒食用。

【延伸阅读】

西班牙葡萄酒小故事

一、西班牙雪莉酒

仅产于西班牙的雪莉酒起源于南部的赫雷斯地区,是一种加强型葡萄酒。世界上其他地方出产的葡萄酒都不可以称为"Sherry",因为雪莉酒和香槟一样,都受到原产地保护法的保护。雪莉酒的生产始于8世纪,12世纪首次开始出口,在英国极受欢迎,后其他地方效仿雪莉酒的酿造方法,也制作出相似的酒款。16世纪,雪莉酒被认为是欧洲最优秀的葡萄酒。

二、西班牙"泼酒节"

每年6月29日,在西班牙里奥哈的哈罗小镇上都会举行"泼酒节"。该庆祝活动的由来有很多说法。有人说它是为了纪念13世纪时,哈罗居民和相邻的埃布罗河畔的米兰达市居民的土地纷争,这场土地纠纷最终以一场葡萄酒的战斗结束。还有人说,它本来是纪念圣人的节日,但是人们在节日上玩得越来越疯狂,最终演变成了一场葡萄酒"战斗"。泼酒节充分展示了西班牙人豪放的天性,也是西班牙人祈祷和平、展示美好、感谢上帝恩赐的一种方式。时至今日,每年的泼酒节上,都有近万名参与者相互泼酒超过10万升红酒!

（文章来源：搜狐网）

活动1　澳大利亚与新西兰葡萄酒

【学习目标】

1. 了解澳大利亚与新西兰葡萄酒的历史、分级体系及葡萄生长区的气候环境。

2. 了解澳大利亚与新西兰重要的葡萄酒品种及产区。

3. 认识澳大利亚与新西兰重要的葡萄酒品牌。

【情景模拟】

西餐厅里，刚晋升为领班兼侍酒师助理的小马正与点了海鲜的客人介绍配餐白葡萄酒。

小马："先生，这瓶澳大利亚雷司令来自南澳克莱尔谷，酸度很高，搭配海鲜是很好的选择。"

客人："你能给我介绍一下这个地区的葡萄酒吗？"

小马："好的。那我们从南澳首府阿德莱德说起吧……"

澳大利亚是一个著名的新世界葡萄酒国家，能生产世界上最好的红葡萄酒和不俗的白葡萄酒。位于南纬36～46度之间的新西兰，则是世界上最靠南的葡萄酒生产国。接下来，让我们一起来学习澳大利亚和新西兰葡萄酒的相关知识。

【相关知识】

一、澳大利亚葡萄酒知识

1. 葡萄种植历史

1788年，随着英国的阿瑟·菲利浦船长满载移民在悉尼湾靠岸，第一株葡萄藤落户这片古老的大陆。1831年，作为澳大利亚葡萄酒产业早期发展时期的重要影响人物的詹姆斯·巴斯比（James Busby），启程前往欧洲收集了多个葡萄品种，其中362株被他顺利地带回澳大利亚，并且种植在悉尼的植物园内。今天澳大利亚各大产区生长的葡萄品种，都基本上是当年这些葡萄藤的克隆品种。

2. 澳大利亚的气候以及葡萄栽培

澳大利亚虽然是世界上国土面积第六大的国家，但大部分地区由于气候炎热，无法种植葡萄。澳大利亚的主要葡萄种植区域位于东南澳（包括新南威尔士州、维多利亚州和南澳大利亚）和西澳大利亚。

尽管并非处于凉爽的纬度上，但由于海拔和周边海洋性气候的影响，使得澳大利亚同时拥有凉爽、温和和炎热等多样性的气候特征。部分产区由于降雨量很少，因此在葡萄生长期必须进行灌溉。

3. 澳大利亚葡萄酒产区

澳大利亚的葡萄酒原产地命名制度于1993年底实施，产区标识系统称为原产地标志（Geographical Indications，简称GI）。原产地命名规定确保了所有酒瓶标签上的信息是有效合法的。如果产区、品种或年份在标签上标示，那就意味着85%以上的酿酒葡萄必须是来自于这个产区、这个品种或者这个年份。

按照面积由大到小，以及葡萄种植特色由简单到明显，原产地标志可分为大区间Zone，产区Region及亚产区Sub-Region三个等级。

澳大利亚拥有60多个葡萄酒产区，其中部分重要的葡萄酒产区如下表所示：

葡萄酒类别	经典产区
起泡酒	塔斯马尼亚、雅拉谷
赛美蓉	猎人谷
雷司令	克莱尔谷、伊顿谷、大南部地区
霞多丽	阿德莱得山区、玛格利特河、莫宁顿半岛、雅拉谷、奥兰治
黑比诺	莫宁顿半岛、雅拉谷、歌海娜、巴罗萨谷、迈拉仑维尔
赤霞珠及其混酿	克莱尔谷、库纳瓦拉、玛格利特河
西拉子	巴罗萨谷、迈拉仑谷

资料来源：澳大利亚葡萄酒管理局（Wine Australia）

巴罗萨谷 南澳巴罗萨谷是澳大利亚最著名的葡萄酒产区,被称为澳大利亚的纳帕谷。这里保留着一些世界上最古老的葡萄树。巴罗萨谷生产的西拉子葡萄酒有着浓郁集中的浆果味道,在浓烈的黑胡椒中透着巧克力及香料风味,香气迷人,风格奔放。

库纳瓦拉 库纳瓦拉位于南澳的石灰岩海岸地区,有着澳大利亚最著名的红土壤。种植在红土壤上的赤霞珠葡萄有独特的薄荷和桉树叶的味道,是澳大利亚最好的赤霞珠葡萄酒产区之一。

猎人谷 猎人谷产区是澳大利亚最古老的葡萄酒产区。以赛美蓉葡萄酿造的干白葡萄酒是该地区最经典的葡萄酒。这种葡萄酒在刚酿制的时候味道平淡无奇,但随着在瓶子中陈年,它能发展出坚果、烤面包和蜂蜜的味道,而且余味悠长。

玛格利特河 玛格利特河产区位于澳大利亚的西南角,是世界上地理位置最偏僻、最纯净的葡萄酒产区之一。产区以盛产稠密浓厚、结构强劲、单宁细致的赤霞珠葡萄酒而闻名。除此之外,玛格利特河葡萄酒旅游相当出名,每年4月份举办的玛格利特河葡萄酒产区节日吸引了众多葡萄酒爱好者前往。

二、常见的澳大利亚葡萄酒品牌

与旧世界的以产区为重要推广手段不同,澳大利亚葡萄酒在世界上取得成功的要诀得益于其高明的品牌建设和周密的市场推广。下面让我们来认识一下常见的澳大利亚葡萄酒品牌吧。

1. 奔富酒庄(Penfolds Winery)

奔富酒庄位于澳大利亚赫赫有名的巴罗萨产区,是澳大利亚最著名、最大的葡萄酒庄,被人们看作是澳大利亚葡萄酒的象征、澳大利亚葡萄酒业的贵族。奔富葛兰许(Penfolds Grange)红葡萄酒于1951年首次装瓶,今天已成为澳大利亚最经典的葡萄酒。

2. 禾富酒庄(Wolf Blass)

禾富酒庄于1966年成立于巴罗萨谷。酿酒师禾富先生(Wolf Blass)为德国人,他为酒庄选择了一只展翅欲飞的老鹰作为标志,称这个标志代表了民族精神,也是他本人日后酿酒灵感的来源之一。作为世界知名酿酒师,禾富先生对澳大利亚的葡萄酒行业做出了巨大贡献:他改变了澳大利亚葡萄酒风格,让葡萄酒更贴近消费者口味。

3. 杰卡斯酒庄(Jacob's Creek)

杰卡斯酒庄是澳大利亚著名酒商——奥兰多酒业(Orlando Wines)的葡萄酒品牌之一,从1976年推出第一款葡萄酒后,仅用一年时间就成为了全澳最受欢迎的品牌之一。杰

卡斯酒庄出产多个系列的葡萄酒,包括经典系列、三原味系列、起泡酒系列、酿酒师甄选系列、珍藏系列和传承系列。

4. 黄尾袋鼠酒庄(Yellow Tail)

黄尾袋鼠酒庄地处澳大利亚新南威尔士州产区(New South Wales),在美国,黄尾袋鼠是价值最高、最受餐馆欢迎的葡萄酒。黄尾袋鼠的酒标也十分抢眼,它采用活泼的袋鼠形象,并用对比鲜明的黑黄相间色来反衬出葡萄酒本身,吸引了众多人的眼球。

三、新西兰葡萄酒知识

1. 历史渊源

新西兰葡萄酒历史可追溯到1836年英国移民在北岛种植的第一株葡萄树,但由于新西兰葡萄酒产业发展受到了商业和流通的种种制约,成长十分缓慢。20世纪70年代以前,新西兰葡萄酒出口较少,仅用于国内市场的消费。在此之后,得益于南岛马尔堡产区的长相思,新西兰葡萄酒产业开始腾飞,直到今天成为重要的葡萄酒生产国。

新西兰的疆土自亚热带气候的北岛(南纬36°)绵延1600公里直至世界上最南端的葡萄种植区中奥塔哥(南纬46°)。海洋性气候在葡萄园中产生温和效应(所有葡萄园距离海边都不超过120公里),白天享受长时间的日照,夜间海风则带来清凉。

2. 气候与栽培

新西兰有10个主要的葡萄酒产区,横跨10个纬度,近1600公里,凉爽的温度使葡萄生长期变得漫长,产生的风味变得复杂,同时又保持了清新的酸度。明显的昼夜温差造成的葡萄成熟期的延迟,使得新西兰葡萄酒拥有清澈纯粹、充满活力、口感强烈的特点,新西兰葡萄酒因此以美妙的平衡感而著称。

3. 新西兰葡萄酒产区

马尔堡　马尔堡位于南岛,是新西兰葡萄酒的旗舰产区,也是新西兰最晴朗且最干燥的产区之一。全新西兰大约75%的葡萄收获来自马尔堡。凭借马尔堡长相思这一品种,新西兰在国际葡萄酒舞台上占有一席之地。

霍克斯湾　霍克斯湾是新西兰第二大葡萄酒产区。阳光明媚、地域广阔的霍克斯湾土壤种类众多,尤其是金伯利子产区(Gimbleet Gravels)的砾石土地,与法国波尔多左岸极为相似,这里主要出产由赤霞珠和梅洛混酿的红葡萄酒以及霞多丽白葡萄酒。

吉斯本　吉斯本是世界上"迎接每天清晨第一缕阳光的城市",以及传说中库克船长在新西兰的第一个登陆点,这里的美食、葡萄酒和冲浪海滩享有盛誉,设有很多专门参观精品葡萄酒酿造厂的旅游路线。

新西兰的第四大葡萄酒产区吉斯本拥有长时日照和温暖的气候,是全新西兰每年最早采收葡萄的产区,主要的品种为霞多丽。作为非正式的"新西兰霞多丽葡萄酒之都",吉斯本的葡萄最早种植于19世纪50年代,现代葡萄酒产业的建立则是从20世纪60年代开始的。

奥克兰 奥克兰是新西兰第一大城市,奥克兰产区地处亚热带,气候温暖,阳光充足,霜害出现较少。但由于春夏两季降雨量高,这里并不是葡萄种植和生长的理想之地。该产区的主要葡萄品种是霞多丽、梅洛和赤霞珠。奥克兰最出名的子产区为激流岛(Waiheke Island),这里也是著名的旅游圣地。

四、常见的新西兰葡萄品种

1. 长相思

新西兰的马尔堡长相思是一个迷倒了全世界葡萄酒鉴赏家的品种,有着百香果、番石榴和浓烈的草本植物味道,是新西兰最招牌的葡萄酒品种。

2. 黑皮诺

新西兰被称为新世界最具备法国勃艮第风土特征的黑皮诺产区。新西兰黑皮诺具有草莓、樱桃的红色水果风味。为了提升新西兰黑皮诺的知名度,新西兰还设立了两个黑皮诺的葡萄酒节日——中部奥塔哥黑皮诺节和新西兰黑皮诺节,吸引着全球众多的黑皮诺爱好者。

3. 霞多丽

新西兰的主要葡萄酒产区都种植了霞多丽这个品种,其中北岛的霞多丽葡萄可以达到很好的成熟度,酿造的时候使用橡木桶进行熟成,酒中的热带水果风味非常充沛。

4. 灰皮诺

新西兰酿造灰皮诺葡萄酒的时间并不长,但发展却相当迅速。总体来说,新西兰灰皮诺葡萄酒的风格与法国阿尔萨斯灰皮诺葡萄酒的风格更为相似,当然,新西兰灰皮诺葡萄酒还是自有其特征的:北岛(North Island)地区的灰皮诺葡萄酒比较饱满成熟,而南岛(South Island)地区的灰皮诺则更为轻盈。

【延伸阅读】

新西兰葡萄酒的可持续发展政策

新西兰葡萄种植与葡萄酒酿造协会为新西兰打造了100%认证可持续发展政策。这意味着新西兰葡萄酒可以以一种促使自然环境、商业运行及人文社区同时蓬勃发展的方式为消费者提供出色的佳酿。根据这一政策，所有葡萄酒均必须以100%得到认证的葡萄酿造，产自完全受到认可的酿酒设备，且必须通过新西兰葡萄酒可持续发展计划或者其他有机、生物动力法认证这样的独立审核方案。

可持续发展政策包括以下七大核心领域：

生物多样性（Biodiversity）：如果没有了我们从动物、植物和微生物那里获得的财富，人类无法生存。新西兰葡萄酒生产者致力于保持葡萄园的生物多样性，以自然生态方式对虫害、杂草和疾病进行控制管理，减少化学产品的使用，以便收获更为优质纯净的果实。

土壤，水，空气（Soil Water Air）：土壤直接影响着葡萄酒的风味和个性，可持续发展政策根据每个葡萄园土壤特点制定的管理计划保证了土壤质量的稳定，避免了土地侵蚀的风险和土壤养分的流失；可持续的用水管理计划则保证了优质果实获取所需的纯净营养水分，确保了灌溉和酿造用水的经济高效；而维护清新的空气则不仅是葡萄酒从业者的职责，更是每位新西兰公民的责任。

能量（Energy）：尽管新西兰大多数的电力是从可再生资源获得的，但是葡萄酒产业的所有活动中仍应尽量减少电力使用，节省能源消耗。

化学物质（Chemicals）：天气、疾病和虫害的侵扰是葡萄园的天敌，但在这个过程中化学品的使用应尽可能地降到最低，以保证葡萄酒的纯净以及保护生物的多样性。

副产品（By Products）：减少、再使用和循环利用是新西兰葡萄园和酿酒厂的口号。许多种植、生产过程中产生的副产品被合理转移，并发挥有益的用途。

人（People）：一个可持续发展的葡萄酒产业对人是有益的，其成功又依靠人的传递。新西兰葡萄酒从业者应认真地承担起社区责任，为彼此提供积极的财政、法律及生态支持。

商业（Business）：可持续发展的种植方式使得葡萄酒生产者可以通过一些有意义的途径来增加它的价值，同时也从长远上节省了成本，这是葡萄酒行业可持续发展的关键。

【**课后练习**】

判断题

1. 世界上"迎接每天清晨的第一缕阳光的城市"位于澳大利亚南部。（　　）

2. 詹姆斯·巴斯比是澳大利亚葡萄酒产业早期发展的重要影响人物。（　　）

3. 在新西兰，产区标识系统称为原产地标志（GI）。（　　）

4. 新西兰的马尔堡以生产长相思葡萄酒最为著名。（　　）

项目三
新世界
葡萄酒产区

活动2　澳大利亚与新西兰
葡萄酒餐酒搭配

【学习目标】

1. 了解澳大利亚美食及其餐酒搭配。

2. 了解新西兰美食及其餐酒搭配。

3. 了解中餐如何搭配葡萄酒。

【情景模拟】

小马："澳大利亚和新西兰原来有这么好的葡萄酒，不知道那里的食物是怎么样的。"

小李："我知道澳大利亚有美丽的悉尼港，新西兰是电影《魔戒三部曲》的拍摄地，还有皇帝蟹、青口贝等等的海鲜美食呢。"

小马："哇，我刚刚买了一瓶猎人谷的赛美蓉，你觉得配些什么美食好？"

小李："我们酒店的自助餐厅正在搞大洋洲美食节，我上个月正好有两张自助餐券的奖励。要不带上你的酒，我们明天休息时一起去探索下大洋洲美食的餐酒搭配吧。"

接下来，让我们跟随小李和小马，一起来领略大洋洲的美食与葡萄酒的美妙碰撞吧。

【相关知识】

一、澳大利亚美食

1. 海鲜

龙虾、皇帝蟹、白牡蛎是澳大利亚的美食三宝。这里出产的巨蟹一般可以长到8～10公斤，属于蟹族中的巨无霸，所以哪怕是一个成年人想要吃完它，也是不太可能的。巨蟹的吃法多种多样：XO蟹块、葱姜焗蟹、椒盐蟹腿、蟹黄面和蟹黄酸辣汤。

2. 袋鼠肉

袋鼠肉的味道和牛肉很接近，袋鼠肉在大部分州允许销售，肉店有鲜肉供应，餐馆也有袋鼠肉的美餐，价格跟牛肉差不多。吃烤袋鼠肉的时候要使用椒盐、柠檬和胡椒等作料，最好再来点辣椒压住本来的酸味。

二、澳大利亚葡萄酒与食物的搭配

1. 澳大利亚红葡萄酒餐酒搭配

西拉子红葡萄酒　西拉子是澳大利亚的代表性葡萄品种，酿成的红葡萄酒酒体浓厚、果香四溢。在品尝的时候，如果与合适的美食进行搭配，将会让美酒美食相得益彰，得到意想不到的极致享受。西拉子葡萄酒可以与多种美食搭配，如惠灵顿牛肉、香草汁烤小牛肉、烤鹿肉串、香菇茄子面等，更可以搭配鸡心、烤鸡肉串、马来西亚咖喱羊肉等亚洲美食。

西拉子赤霞珠混酿葡萄酒　西拉子、赤霞珠混酿的葡萄酒是澳大利亚经典葡萄酒混酿，既有西拉子的果香四溢，又能体现赤霞珠的单宁和骨架感，更有能配搭蔬菜的生青、蘑菇、泥土等香气。西拉子赤霞珠混酿葡萄酒可以搭配澳大利亚本土烤野猪肉、蘑菇意大利干酪、牧人肉馅饼等菜品，也可以搭配中国的红烧牛肉。

澳大利亚黑皮诺葡萄酒　澳大利亚黑皮诺葡萄酒年轻时常带有李子、樱桃和覆盆子的风味，还散发着蘑菇、水果干、茶叶和香料的香气，酒精含量和单宁含量都较低。经过陈年的黑皮诺往往带有泥土、烟熏和巧克力的味道。黑皮诺适合与家禽肉类、蘑菇风味美食、软奶酪和墨西哥烧烤食物搭配佐餐。

2. 澳大利亚白葡萄酒餐酒搭配

猎人谷赛美蓉　猎人谷赛美蓉白葡萄酒没有经过橡木桶培养，在和牡蛎配搭时，不会变苦，也不会盖过牡蛎清淡的口味。其次，由于它的酸度较高，即使牡蛎浇了柠檬汁食用，酒尝起来依然清爽有活力，因此猎人谷赛美蓉是搭配牡蛎的很好选择。

克莱尔谷和伊顿谷雷司令　克莱尔谷和伊顿谷的雷司令拥有非常诱人的酸度，是澳洲干型雷司令的代表，标志特征是具有活力的柠檬和柑橘类果香以及令人振奋的酸味。在5年陈年后，雷司令葡萄酒的酸度开始逐渐减弱，呈现出汽油等的陈年香气。

年轻的雷司令适合搭配海鲜、寿司和蔬菜沙拉等，但由于酸度较活泼，也特别适合搭配辣味的中国菜肴，如湘菜和川菜等。而陈年的克莱尔谷雷司令具有丰富的矿物质香气及细腻复杂的口感，搭配细腻精致的海鲜比较适合，如鲁菜的葱烧海参，苏菜的清炖蟹粉，浙菜的龙井虾仁及粤菜的清蒸鲈鱼等。

三、新西兰美食

接下来，让我们离开澳大利亚，飞越塔斯曼海，进入新西兰的闲适恬静的生活氛围，体验意想不到的海鲜大餐以及足以征服你味觉感官的新西兰葡萄酒。

1. 新西兰龙虾

凯库拉的新西兰龙虾肉十分美味，可以白灼，可以用干酪焗，也可以切片后生吃，称为"龙虾刺身"。熬海鲜粥时，加上龙虾壳和蒸龙虾留下的汤水，又是另外一道美味。

2. 鲍鱼

新西兰的黑边鲍鱼，是当地一宝。人们通常把它切碎做鲍鱼丁或整个煎食，也有人把它当做刺身生吃，肉质特别爽滑鲜甜。另外，鲍鱼的外壳还可以制作成各种饰品。

3. 牡蛎

在新西兰南岛布拉夫小镇的港口海边，有世界上最好吃的牡蛎——布拉夫牡蛎。游人可以一边喝着葡萄酒，一边品尝这些美味的牡蛎。

四、新西兰葡萄酒与中餐食物的搭配

除了海鲜和西餐可以与新西兰葡萄酒搭配之外，我们也可以用常见的中餐来搭配新西兰葡萄酒。

1. 广东点心搭配霞多丽干白

广东点心有不同质地、味道和温度，例如叉烧包、虾饺、烧卖、萝卜糕等，新西兰霞多丽干白葡萄酒果味纯正，有轻微的橡木味，能与点心的酱料、用料配合得天衣无缝。

2. 北京烤鸭搭配新西兰黑皮诺

经典的北京烤鸭肉多汁浓，加之以浓郁味道的甜面酱，只有果味最纯正的红酒能匹配它的强度，芳香四逸的新西兰黑皮诺最适合搭配这道名菜。

3. 蒸蛋白伴龙虾球配霞多丽

粤菜讲究原料新鲜，还讲究火候上保持原料味道。以蒸蛋白伴龙虾球菜式为例，味道清淡而鲜润，搭配来自新西兰霍克斯湾的霞多丽葡萄酒十分适宜。

4. 辣炒新西兰青口配琼瑶浆

与习惯上以清爽型白酒来搭配海鲜不同，这道菜适合搭配带馥郁玫瑰香气的新西兰半干琼瑶浆。主厨用大火快炒、香辣调味来突出青口的气味，配以酒中的玫瑰、荔枝香气，以及半甜的口感，实在是相得益彰。

5. 猪肉蟹粉小笼包配霞多丽

猪肉蟹粉小笼包以猪肉为主，蟹粉为辅。轻轻咬破皮，里面流出的肉汁，让人身

心愉悦。但由于肉馅中加入了用以去腥提香的姜，再加上面粉皮，看似简单的一道点心，却变得并不容易搭配。选择新兰西马尔堡产区的霞多丽葡萄酒，不单可以去油腻，还能带出蟹的清甜味。

【延伸阅读】

澳大利亚名酒——奔富葛兰许

　　著名葡萄酒作家休·约翰逊这样评论奔富旗舰产品葛兰许："它是南半球的一级名庄酒，尽管采用西拉酿造，但就其风格而言，相较于罗讷河谷葡萄酒，它更像波尔多。这也正好印证了酿酒师马克斯·舒伯特所说的，他的酿造灵感就来源于波尔多五大名庄之一的拉图（Chateau Latour）。"

　　马克斯·舒伯特15岁开始就在奔富酒庄中工作，由于工作出色，他最终被提升为酿酒师，并被奔富酒庄派往西班牙及法国学习葡萄酒酿造。学成后，他尝试用赤霞珠、马尔贝克和西拉子三种葡萄品种酿造波尔多风格的葡萄酒，但是多次尝试均以失败告终。因为澳大利亚的赤霞珠产量不大，要酿成波尔多风格，需要大量购买价格昂贵的法国橡木桶，对于奔富这种走商业化葡萄酒路线的酒庄来说，这几乎不可实现。

　　因此，舒伯特开始尝试采用西拉子酿造葛兰许，并采用美国橡木桶陈年，酿造工艺也改成了澳大利亚风格。1951年，首批葛兰许采用位于玛吉尔的葛兰许园老藤西拉和产于迈克拉仑威尔的老藤葡萄进行秘密酿造，并在珍藏5年之后才装瓶，然而，从品鉴会来看，人们并不喜欢这款葡萄酒，市场效果不佳。也因为如此，奔富总部还直接发来了停止酿造该酒的书面决定。

　　然而，舒伯特得到了杰夫雷特·奔富的支持，仍旧在偷偷地坚持酿制葛兰许。最终，在舒伯特的坚持下，葛兰许终于在20世纪60年代证明了作为顶级澳大利亚葡萄酒的强大窖藏潜质，并以其独特风格成为市场上的新标杆。

【课后练习】

　　请你选择澳大利亚和新西兰产区的五款葡萄酒，为它们进行配餐，并说出你搭配的理由。分享一下你在找资料的过程中有没有接触到另外一些意想不到的搭配方法。

活动3 美国葡萄酒

【学习目标】

1. 了解美国葡萄酒的历史及葡萄生长区的气候环境。

2. 了解美国重要的葡萄酒品种及产区。

【情景模拟】

　　酒店西餐厅,小马正向点了美国葡萄酒的客人作介绍。

　　客人:"有朋友和我说美国的霞多丽可以用杨贵妃来形容,是这样的吗?"

　　小马:"对,如果说法国夏布利的霞多丽是赵飞燕,那么美国的霞多丽则是杨贵妃,一个清瘦一个丰腴。"

　　客人:"葡萄酒真有趣,你能再给我介绍下美国的其他葡萄酒吗?"

　　小马:"好的,那我们先从加州讲起吧……"

　　美国是新兴葡萄酒大国,虽然早在16世纪已经有酿酒的历史记录,但直到1976年的巴黎审判后,才为世界葡萄酒爱好者广泛认知,并逐步发展成世界葡萄酒重要生产国之一。

　　接下来,让我们跟随着侍酒师助理小马,一起来学习美国葡萄酒的相关知识。

【相关知识】

一、美国葡萄酒的发展史

　　美国是由清教徒建立的国家,他们对于酒的态度是谨慎甚至反对的,基于多种因素,美国在1920年出台了《禁酒法案》,规定葡萄种植者只能将葡萄榨汁,以葡萄汁或浓缩果汁的方式出售,而不能酿成葡萄酒出售。如此一来,葡萄农的生计受到了极大影响。

　　但不久后,纳帕谷的葡萄农们就想到了一个好方法:他们将葡萄脱水制作成不含酒精的葡萄砖，出售时在包装上贴上警告提示，告知消费者切勿把葡萄砖泡在水中，因为它会变成葡萄酒，而私自制作葡萄酒这一行为是违法的。消费者在购买以后，根据商家的"善意提示"，在家中把葡萄砖溶解在水中并让它进行发酵，然后自行酿制葡萄酒。

随着美国大萧条时代的来临和民意的推动，这个美国史上最奇葩的法案终于在1933年被废止。之后，加州葡萄酒迅速勃兴，为美国葡萄酒业带来生机。但美国葡萄酒真正为世人所知，是源于1976年的"巴黎审判"。

1976年，英国酒评家史蒂芬·史普瑞尔发起了一场盲品擂台赛，史称巴黎审判，对战双方是当时尚没有什么名气的美国葡萄酒与大名鼎鼎的法国葡萄酒。美国纳帕谷多家酒庄和法国波尔多、勃艮第等名庄均提供了多款红白葡萄酒进行评比。结果揭晓，红、白葡萄酒的第一名均来自美国加州的纳帕谷，美国酒战胜法国酒。这场品酒会使人们第一次公开承认了美国葡萄酒的地位，纳帕谷也一跃成为世界著名葡萄酒产区。

2006年5月24日，巴黎审判30周年这一天，当年的发起人史普瑞尔先生再次组织品酒会，打开陈放了30年的10款当年参赛红酒进行"盲品"复赛。复赛的结果让所有评委都大吃一惊：排在前5名的红酒全部出自加州。

二、美国葡萄酒的产区及其气候条件

美国地域辽阔，跨越的纬度很大，因此各地的气候和土壤存在不同的类型。气候方面，既有海洋性气候，也有大陆性及地中海型气候，美国南部还有亚热带季风气候。土壤方面，多样性特征明显，沙地、粘土、壤土、花岗石、火山灰、海床土壤、河流冲积砾石等，每一种土壤都具有自身独特的矿物性。总体而言，美国充足的阳光确保了持久的葡萄生长季节，丰富多样的土壤又确保了所种植的葡萄无与伦比的风味变化。

美国葡萄大多种植在西海岸的加利福尼亚、俄勒冈和华盛顿三个州。尤其是位于地中海气候区的加利福利亚州，地理环境、气候条件优异，是一个世界闻名的葡萄酒产区。

1. 加州

美国品质最优异、面积最大、最主要的葡萄酒产区位于加利福尼亚州，尤其是纳帕谷。加州占据了该国西海岸2/3的面积，跨越10个纬度，地形和气候十分复杂，因此其葡萄种植区域的风土条件也丰富多样。这里的大部分产酒区位于太平洋海岸和中央山谷地区，来自太平洋及旧金山海湾的冷空气和雾气，有效地调节了山谷由于日照造成的炎热状况。降雨大多在冬季，对收获采摘几乎不会产生不良影响，不过生长季大部分葡萄园需要进行灌溉。此外，晨间多雾，使得这里较为凉爽，呈温暖的地中海气候。

纳帕谷（Napa）　美国最贵的葡萄园和最顶级的酒庄几乎都位于纳帕谷。纳帕谷为丘陵地形，为南北走向的峡谷，南部是旧金山海湾的一部分，北部是海拔高达1,323米的圣海伦山，西部的马雅卡玛丝山将纳帕谷与海岸边的索诺玛峡谷分开，东部的瓦卡山脉多岩石将内陆的热空气隔开。由于旧金山湾流的影响，纳帕谷最凉爽的地方在南部入口处，最热的地方反而在北部。在葡萄生长季节，这里光照充足，昼夜温差较大，为葡萄的生长创造了近乎完美的气候条件。独特的地理和气候，赋予了加州葡萄更加香甜美妙的口感和丰富的风味。

索诺玛（Sonoma）　索诺玛在葡萄酒世界中扮演着非常重要的角色，是和纳帕谷齐名的产区。它由13个法定葡萄种植区组成，每个产区都有自己独特的土壤和气候条件，其中有以黑皮诺闻名的俄罗斯河谷，以及以金粉黛闻名的干溪谷。

中央山谷（Central Valley）　中央山谷产区的面积比较大，沿太平洋海岸方向绵延650公里，它的面积约占加州北部的2/3。中央山谷气候干燥炎热，夜晚凉爽，葡萄产量很高，大多数收成的葡萄都酿成散装酒出售。

2. 俄勒冈州

俄勒冈是一个具有浓郁地方风味和特别酿造技术的葡萄酒产区。俄勒冈的土地、气候和阳光充裕的山坡，特别适合种植黑皮诺葡萄。酿酒葡萄在夏秋两季之间逐渐成熟，口味极佳。俄勒冈的酒庄规模普遍不大，出产的葡萄酒均为纯手工小批量酿制。

3. 华盛顿州

华盛顿州地处美国的西北角，与加拿大相邻，是美国第二大葡萄酒产区，这里夏日生长季的年均光照17.4小时，比加州主要的葡萄生长区还要多2个小时。充足的阳光可使葡萄得以充分的生长和成熟，而当地寒凉的夜晚又能使果实的酸度得以较多的保留，从而创造出拥有浓郁香气与味道、口感非常平衡的葡萄酒。

三、美国的葡萄品种

作为世界第四大葡萄酒生产国，美国所种植的葡萄品种多样，接下来我们就来了解美国种植的主要葡萄品种。

1. 金粉黛

金粉黛葡萄树容易种植，不挑剔。其特点在于同串葡萄的成熟时间不一致，所以当整串葡萄成熟的时候，部分葡萄已经非常成熟，甚至成为葡萄干。这导致酿出的红酒口味浓郁，散发出熟透的水果和水果干的香味，酒精度数非常高，有时酒里还会出现甜味。金粉黛可用以酿造各种风格、各种类型的葡萄酒。

金粉黛酿造的红葡萄酒 充满着黑莓、黑李子、蔓越莓等红黑色水果的新鲜果味,有浓郁的橡木桶香气,同时在烘烤、烟草、巧克力的味道中又夹带着香辛料的味道。其单宁强劲,酒精度高,口感厚实饱满,有些还带有果脯、果酱味道,适合搭配各种肉类食物。

金粉黛酿造的桃红葡萄酒 被称为白金粉黛,简单易饮。这种酒起源于20世纪80年代,花香浓郁,有着玫瑰花瓣式的香气,又有着草莓、西瓜的味道。

2. 赤霞珠

作为响当当的国际品种,赤霞珠是加州种植最广泛的红葡萄品种。美国纳帕谷产区出产的赤霞珠葡萄酒的酒体饱满,有非常浓郁的成熟黑醋栗的香味和来自新橡木桶的香料味。其他一些美国产区的赤霞珠会带有清新的黑加仑风味。

3. 霞多丽

霞多丽是美国种植最多的品种。在加州中央山谷种植的霞多丽往往水果味较重,酸度不突出。还有一些产区的霞多丽酒体非常饱满,不仅有桃子等水果的风味,还有很明显的由橡木桶带来的香草、榛子、黄油等风味。(见第VIII页图②)

4. 长相思

加州地区的长相思会带有青柠檬、青草、甜瓜的风味。部分酒庄会用橡木桶对长相思葡萄酒进行陈酿,这种由美国著名酿酒师罗伯特·蒙大维创造的全新风格长相思葡萄酒被称为白芙美(Fume Blanc)。

四、美国葡萄酒酒标

相对于旧世界的葡萄酒标来说,美国的葡萄酒标签更容易理解,但仍有着严格的法律规定。根据法律,美国的酒标上必须标明以下8项内容:品牌名称,葡萄酒类型,酒精含量,容量,二氧化硫警告,生产者名称和地址,年份及饮酒警告。下面我们来认识一下酒标上面的主要信息内容。

1. 生产商

生产商是酒标上最直接的信息,一般指生产葡萄酒的酒庄或公司。

2. 产区制度

通常,美国葡萄酒酒标上标示的是主要酿酒葡萄的产地。与欧洲类似,美国也有产区制度。不过,美国一般只根据地域来划分,实行的是美国葡萄酒产地制度(AVA制度)。一般情况下,如果只标明了葡萄品种,则表示该酿酒葡萄的比例至少占据了原材料的75%以上;如果标示了AVA,则要求85%以上的酿酒葡萄来自该产区;如果还标有年份,则要求95%的酿酒葡萄都来自该年份。一些由AVA产区酒庄直接进行装瓶的葡萄酒

则要求葡萄品种全部来自该产区。

3. 年份

一般指的是酿酒葡萄采收的年份。如果该葡萄酒由产自不同年份的多种葡萄混酿而成，则一般不标注年份。

4. 酒商的名称和地址

不同葡萄酒关于这点的标示不尽相同，得取决于他们所涉及的生产环节。另外，酒标上也还包括一些其他信息，比如常见的酒庄装瓶指的是由酒庄辖区范围内的葡萄园种植的葡萄酿制成的葡萄酒，而且压榨、发酵、熟成、陈年、装瓶等一系列操作都在酒庄内直接进行。除此之外，酒庄和葡萄园都必须位于同一葡萄种植区。

5. 健康标识语

健康标识语是美国政府规定的一个人性化的提示语，用于提醒孕妇和一些操作机械的从业人员不要饮酒。这种标识识通常出现在背标上。

【延伸阅读】

美国总统与葡萄酒

美国第三任总统杰斐逊可以算得上是为波尔多葡萄酒分级的第一人。1784～1789年，杰斐逊担任美国驻法国大使，期间走过不少法国葡萄酒产区，根据自己的品尝经验结合当地市场，对波尔多的葡萄酒做出了等级判断。回国前，他担心将来没法喝到在欧洲品尝过的好酒，便开始了他的法国、意大利好酒收藏之旅，并为当时的波尔多各酒庄作了分级。

而美国第四十三任总统小布什在白宫里是不喝葡萄酒的。因为当时由《洛杉矶时报》举办的民意调查表明，喝红酒的人更支持民主党，而喝啤酒的更愿意支持布什，小布什总统从此便改喝啤酒，白宫的酒窖也几乎因此而荒废。

【课后练习】

判断题

1. 金粉黛只能用来做桃红葡萄酒。　　　　　　　　　　　　（　　　）

2. 英国酒评家史蒂芬·史普瑞尔发起了巴黎审判这一盲品酒会。　（　　　）

3. 美国葡萄酒酒标上面有健康标识语。　　　　　　　　　　（　　　）

项目三
新世界
葡萄酒产区

活动4 美国葡萄酒餐酒搭配

【学习目标】

1. 了解美国美食及其餐酒搭配。

2. 了解美国重要产区餐酒搭配。

3. 初步掌握美国宴会餐酒搭配。

【情景模拟】

酒店内部的酒水知识培训课。

李经理:"美国葡萄酒热情奔放,所以在搭配美食上有自己的独到之处。"

小马:"经理,能先给我们讲讲美国国家的风土人情和美食吗?"

李经理:"当然,在告诉你们如何配餐之前,我们先简单了解一下美国这个国家吧。"

美国是一个不同文化并存的国家,它们互相交流、互相促进,形成一个文化大熔炉,因此也有人把美国文化称为鸡尾酒文化。

【相关知识】

一、走进美国

国旗:星条旗的旗面由13道红、白相间的宽条组成,左上角还有一个包含了50颗白色小五角星的蓝色长方形。红色象征强大和勇气,白色代表纯洁和清白,蓝色象征警惕、坚韧不拔和正义。13道宽条代表最早发动独立战争并取得胜利的13块殖民地,50颗五角星代表美利坚合众国的州数。

1818年美国国会通过法案，国旗上的红白宽条固定为13道，五角星数目应与合众国州数一致。每增加一个州，国旗上就增加一颗星，一般在新州加入后的第二年7月4日执行。

国徽：主体为一只胸前带有盾形图案的白头海雕（秃鹰）。白头海雕是美国的国鸟，是力量、勇气、自由和不朽的象征。鹰的两爪分别抓着橄榄枝和箭，象征和平和武力。鹰嘴叼着的黄色绶带上用拉丁文写着"合众为一"，意为美利坚合众国由很多州组成，是一个完整的国家。

形象：美国的绰号叫"山姆大叔"。传说1812年英美战争期间，美国纽约特罗伊城商人山姆·威尔逊在供应军队牛肉的桶上写有"U.S."，表示这是美国的财产。这恰与他的昵称"山姆大叔"（Uncle Sam）的缩写（U.S.）相同，于是人们便戏称这些带有"U.S."标记的物资都是"山姆大叔"的。

后来，"山姆大叔"就逐渐成了美国的绰号。19世纪30年代，美国的漫画家又将"山姆大叔"画成一个头戴星条高帽、蓄着山羊胡须的白发瘦高老人。1961年美国国会通过决议，正式承认"山姆大叔"为美国的象征。

旅游：美国幅员辽阔，各种自然景观应有尽有。从温暖的佛罗里达海滩到寒冷的阿拉斯加；从中西部一望无垠的大草原到终年为冰雪覆盖的落矶山脉。壮观的大峡谷、密西西比河，及尼亚加拉大瀑布更是旅游者向往之处。如果你喜欢美国的另外一种旅游方式——酒庄旅游的话，就让我们一起到那些著名葡萄酒旅游产区去走走吧。

加州纳帕谷（Napa Valley）　纳帕谷是美国最著名的葡萄酒产区。谷中遍地美酒与美食、阳光与海风。若是在途中经过酒庄，阵阵的酒香飘来，引人迷醉，因此，这里被誉为"葡萄酒爱好者的迪斯尼乐园"。

乘坐纳帕谷葡萄酒列车是另外一种体验产区美景的方式。这是一辆行驶在纳帕谷腹地的古董火车。乘坐其中，你既可以欣赏葡萄园美景、品酒和享用午餐或晚餐，又可以下车去酒庄参观，是来到纳帕谷绝不能错过的享受。

纽约州五指湖（Finger Lakes）　五指湖产区位于纽约州的中西部，是一个共有11条河流组成的湖泊，十分容易辨认。其中的托格汉诺克瀑布是落矶山脉以东最高的瀑布，气势宏大，一年四季雾气腾腾，如临仙界，景色优美。五指湖区以出产雷司令和琼瑶浆这两种芳香四溢的葡萄酒而闻名。由于五指湖区较大，旅游时不容易遇到汹涌的人潮，可以安静地品酒、赏景、享受假期。

加州圣巴巴拉（Santa Barbara）　圣巴巴拉位于美国加州中央海岸的南端，紧邻洛杉矶，是加州最负盛名的黑皮诺葡萄酒产区。2005年，好莱坞电影《杯酒人生》

（Sideways）电影既捧红了黑皮诺——美妙的、昂贵而又复杂难懂的，又捧红了圣巴巴拉产区。喜欢黑皮诺的葡萄酒爱好者不妨到这里游览。

二、美国的美食

美国式饮食不讲究精细、奢华，而以追求快捷方便为特征，比较大众化。总的来说，美国菜是以欧洲菜为"根"，又因为吸收了来自世界各地不同种族、不同民族的文化，因此美国的食物自然也就融入了各种饮食文化、特色。

美国地方菜系各有特色，分太平洋菜系（Pacific Cuisine）、西南菜系（Southwest Cuisine）、凯郡菜系（Cajun Cuisine）、南方黑人家常菜系（Soul Food）、纽约菜系（New York Cuisine）和新英格兰菜系（New England Cuisine）六类。下面我们来介绍常见的美国菜及其餐酒配搭。

1. 感恩节火鸡

这是美国典型的节日食品：感恩节当天，美国人往往阖家团圆，吃烤火鸡，配以甜山芋、玉蜀黍、南瓜饼、蔓越莓酱、自己烘烤的面包，以及各种蔬菜和水果等。

适配酒类型 要搭配这款菜肴，可以用歌海娜红葡萄酒。歌海娜的丹宁不高，酒中带有大量的红果风味，如草莓、覆盆子和蜜饯等风味。吃上一口火鸡，再饮用歌海娜葡萄酒，酒中的蔓越莓风味会更显突出。同时，歌海娜酒的酒精度数相对较高，也适合喜欢重口味葡萄酒的美国人。

2. 加州卷寿司

寿司是日本菜，加州卷是日本人来加州以后为了适合美国人的口味而发明的：用黄瓜、三文鱼、牛油果加上蛋黄酱，用紫菜包裹起来，然后在外层的米饭装饰上一点色彩斑斓的鱼籽，造就了一个个高颜值寿司，也称为里卷。

适配酒类型 适合配搭长相思、雷司令和灰皮诺等多种白葡萄酒。如果要搭红葡萄酒的话，宜选用黑皮诺红葡萄酒，这种酒中细腻的单宁，草莓及覆盆子的水果风味，以及泥土味道能把三文鱼中的鲜味淋漓尽致地呈现出来。且加州卷中的牛油果的脂肪会令这种配搭效果更上一层楼。

3. 烟熏三文鱼

华盛顿州最好吃的特产就是三文鱼，烟熏三文鱼原本是印第安人的传统做法，口感脆嫩，也可以做成辣椒和黑胡椒口味。

适配酒类型 烟熏三文鱼一般都会搭配其他食物一起吃，而用来配餐的葡萄酒必须有足够的酸度和浓郁的风味，以调和烟熏三文鱼中浓烈的咸鲜味。建议搭配法国香槟或

是经过橡木桶培养的美国霞多丽白葡萄酒。

4. 苹果派

苹果派起源于欧洲东部,如今它是美国人生活中常见的一种甜点,许多青少年还把它当成一种主食,既简单方便,又有营养。

适配酒类型　苹果派的搭配比较广泛,它适合搭配甜味的葡萄酒,例如德国晚收雷司令葡萄酒、加拿大冰酒、意大利麝香葡萄甜酒,以及各类半甜型起泡酒。

5. 烤肋排

因为电视剧《纸牌屋》,烤肋排这道菜在美国忽然火了起来。这道美食做法简单,口感酥脆,肉质鲜嫩。

适配酒类型　烤肉配金粉黛是典型的美国式搭配,两者都是风味浓郁型的代表。金粉黛酒体醇厚,果味馥郁,与烤肉有着相近的浓郁风味,酸甜的酱料会令食物的烟熏气息与酒的甜美果味融洽。

6. 美式蛤蜊浓汤

蛤蜊浓汤选用鲜蛤蜊为主料,佐以土豆、洋葱、咸肉等辅料烹制而成。这道美食口感较为浓厚,非常肥美。

适配酒类型　适合搭配饱满的干白葡萄酒,索诺玛的霞多丽葡萄酒是不错的选择。

三、金粉黛与美食的碰撞

金粉黛是美国人最自豪的葡萄品种,它能与什么美食搭配呢?

酒精度较高、成熟度高、风味集中的金粉黛葡萄酒适合与较肥腻、蛋白质偏高的肉类搭配,如牛羊肉;单宁含量低、浆果风味浓郁的金粉黛葡萄酒则适合与蛋白质含量不太高的肉类搭配,如禽类。而白金粉黛桃红葡萄酒则不适合与羊肉、牛肉,以及煎烤过的猪肉搭配,但它可以作为开胃酒,配搭禽类、沙拉和辛辣的亚洲菜肴。

1. 烤牛肉

除了赤霞珠葡萄酒以外,甜美的金粉黛葡萄酒也很适合与烤牛肉搭配。

2. 意大利美食

金粉黛与意大利普里米蒂沃(Primitivo)葡萄是同一品种,柔顺、易于入口的金粉黛葡萄酒与意大利菜搭配起来更和谐。烤青椒、卤水蘑菇、蛋馅饼、马苏里拉奶酪等与金粉黛葡萄酒搭配也都是不错的选择。

金粉黛葡萄酒还适合与配有蘑菇和撒有帕尔马干酪的意大利宽面条配餐,或是与配有蛤蜊、贻贝、西红柿、大蒜的意大利面和羊乳干酪搭配。

【延伸阅读】

白芙美和长相思

我们都知道有一个葡萄品种叫做长相思，但是在美国，用这个葡萄品种酿造的葡萄酒有一部分被称为白芙美（Fume Blanc），这是为什么呢？

20世纪60年代，美国市场上的长相思基本上都是甜型风格，风味单一，消费者对它的印象不佳，销量也就不怎么好。1968年，美国著名酿酒师罗伯特·蒙大维尝试将美国的长相思酿成卢瓦尔河风格的干型长相思，于是便开始仿照卢瓦尔河产区的长相思的栽培和酿酒方式，再放入橡木桶中陈酿，结果创造出一款全新风格的长相思葡萄酒。这款长相思既有卢瓦尔河产区的风格，也具有橡木桶的味道。罗伯特·蒙大维给这个风格的长相思葡萄酒起名为白芙美（Fume Blanc）。白芙美葡萄酒可以酿造成干型、半干型或者甜型，并没有限制类型。

【课后练习】

为增进家族内亲人之间的情感，你打算用选用美国菜式来办一次简单的家庭宴会。请设计一份用美国葡萄酒进行搭配的宴会菜单，并向同学们进行展示。

活动5　阿根廷与智利葡萄酒

【学习目标】

1. 了解阿根廷与智利葡萄酒的历史以及葡萄生长区的气候环境。

2. 了解阿根廷与智利重要的葡萄酒品种及产区。

【情景模拟】

午饭时间，酒店员工餐厅。

小马："阿根廷不仅足球出名，在葡萄酒的世界里也是一颗冉冉升起的新星呢。"

小李："上次经理讲课，开了一瓶阿根廷红酒，口味真重。"

小马："你是指马尔贝克吧，那股'钢笔墨水味'在咱们中国还挺受欢迎的呢。"

小李："还有一瓶智利的佳美娜，香料味也很厉害。"

葡萄酒里还会有"钢笔墨水味"和香料味？接下来，我们一起去探索阿根廷和智利的葡萄酒世界。

【相关知识】

一、阿根廷葡萄酒历史

　　阿根廷既是探戈之乡、足球之乡，也是葡萄酒之乡。大约五百年前，在美洲大陆的南部地区，西班牙征服者找到了土质特别适合种植葡萄的大片土地，随后，西班牙人开始在这片地区栽植葡萄，后又逐步向今天的阿根廷西北部和中西部扩展葡萄种植区域。

　　十九世纪，欧洲移民为阿根廷引进了新的栽植技术和新的葡萄品种，尤其是法国人引进的马尔贝克（Malbec）红葡萄以及芳香四溢的特浓情（Torrentes）白葡萄，一同成为阿根廷的标志性品种。时至今日，阿根廷已成为世界第五大葡萄酒生产国和葡萄酒第六大消费国。葡萄酒爱好者长期以来对于阿根廷葡萄酒的印象就是高海拔、马尔贝克以及"果汁饮料"这三个关键词。世界知名葡萄酒评论家罗伯特·帕克（Robert Parker）曾称阿根廷为"世界上最令人兴奋的新兴葡萄酒地区之一"，人们也总是用"舌尖上的探戈"来形容阿根廷葡萄酒的独特风味。

阿根廷国内的葡萄酒消费量极大，在这里，无论男女，都不乏惊人的酒量。20世纪30年代，阿根廷曾经达到年人均90升葡萄酒的饮用量巅峰，虽然近几十年有所下降，但对于阿根廷人来说，葡萄酒仍旧无异于"果汁饮料"。一高脚杯的葡萄酒，一口下去就是1/3。在阿根廷街头的小餐馆里，除了瓶装酒以外，还有按杯或按小罐、中罐和大罐卖的葡萄酒。这些散装酒直接从酒厂购来，装在餐馆店内的小橡木桶里，接上水龙头，拧开就可以直接喝。

二、阿根廷葡萄酒的产区及其气候条件

在南美洲，雄壮的安第斯山脉阻隔了太平洋的雨水，也为阿根廷带来了有着高海拔、多样风土、大陆性气候和贫瘠土壤等有利于葡萄种植的得天独厚的地理气候条件。

高海拔 阿根廷的葡萄酒产区遍布全国，但多集中在西部安第斯山脉的山麓地区。一般来说，海拔如果太高，会导致气候冷凉，不利于葡萄成熟，且容易遭受冻害；而海拔过低会导致昼夜温差较小，不利于酸度和风味物质的保留。阿根廷的葡萄园海拔普遍都较高，有些甚至高达3000米，但大都维持在700~1400米之间，既可以保证较大的昼夜温差，又有助于葡萄保持一定的酸度，使葡萄中的风味物质得到浓缩。

因此，高海拔已经成为了阿根廷葡萄酒的代名词，是谈及阿根廷葡萄酒产业不可跨过的关键词。它为阿根廷带来了多样的微气候和风土，赋予了当地出产的葡萄酒多变的风格与魅力。夜间温度的普遍偏低，有利于酿出颜色深厚、味道浓郁的红葡萄酒和芳香四溢的白葡萄酒。而且巍峨的高山带来了大量冰川融水，高海拔的分布形势让葡萄园享有未经人类活动污染的灌溉水源。

多样风土 阿根廷广阔的国土和丰富的自然生态系统让人们开辟大面积的优质葡萄园成为可能，从寒冷的巴塔哥尼亚到北部塞尔塔，都能看见精心栽种的葡萄园。

大陆性气候 阿根廷葡萄酒产地集中在高海拔山区，在远离海岸的沙漠地带，这让该国成为世界上仅有的几个处于大陆性气候区的产酒国。大陆性气候使阿根廷年均降水量为152~406毫米，干燥的气候意味着困扰世界上许多葡萄园的植物病害都不再是难题，让葡萄树有了更健康的生长环境，这也让当地推行有机葡萄酒变得更加容易。

阿根廷共有九大葡萄酒产区，其中最广为人知的是门多萨产区（Mendoza）。门多

萨产区位于安第斯山脉，那里气候干燥，气温较高，灌溉条件优越，正好弥补了阿根廷国土干旱、贫瘠的缺陷。门多萨之所以能成为阿根廷最优异的葡萄酒产区，离不开海拔高（葡萄种植在平均海拔高达900米的土地上，是世界上少有的种植海拔如此之高的葡萄种植区）、阳光充足（白天光照强烈，生长期平均温度为 25℃ 左右，使葡萄的成熟度高，风味物质集中浓郁，品质好）、空气干燥（使葡萄几乎没有病虫害，从而能稳定生长，品质较为优异）这三大因素。该产区的葡萄酒生产量占到全国总产量的80%，主要种植马尔贝克葡萄，酿造世界闻名的马尔贝克葡萄酒，其酒色偏深，果香花香浓郁奔放，酒精浓度高。

　　阿根廷种植的主要葡萄品种有两种：

　　马尔贝克　原产于法国西南区，曾是波尔多主要红葡萄品种之一。由于阿根廷的地理环境适合种植该葡萄，马尔贝克在阿根廷发扬光大，被称为"一种葡萄，一个世界"，是最重要的葡萄品种。

　　马尔贝克酿出来的葡萄酒往往颜色较深，有黑色水果的香气，但地区差异和年份差异会带来香气的改变，如在2016年，阿根廷降雨较多，当年的马尔贝克就带着与众不同的红色水果味道。另外，海拔高的葡萄园因为天气较为寒冷的缘故，酿出来的葡萄酒风格往往会比较清新，花香味浓，而海拔较低的则与之相反。

　　马尔贝克可以与赤霞珠、梅洛、品丽珠等多种葡萄进行混酿。

　　特浓情　特浓情应该是阿根廷所有葡萄品种中名字最富诗意的一个了。作为阿根廷最具象征性的白葡萄品种，特浓情酿成的葡萄酒带有非常芬芳的茉莉、橙花、玫瑰和天竺葵花香味，以及清新的白桃和柠檬果香。然而真正品尝过后，才知道它浓郁的香气都是"假象"——清瘦紧致的口感、激爽的酸度和略带苦味的余韵才是其真实面目。也正是因为特浓情香气和口感之间的差异，在当地才有了"说谎者"（Liar）这个昵称。

三、智利葡萄酒历史

　　智利葡萄酒的大规模出口始于20世纪90年代。早在19世纪，随着智利采矿业的发展，许多欧洲人开始在智利首都圣地亚哥定居，酒庄和葡萄园随之在圣地亚哥南部和迈坡谷附近兴起，一些智利著名酒庄都是在这一时期建立的。这一时期的酒庄建筑和葡萄酒风格也都与法国极其相似。

四、智利葡萄酒的产区及其气候条件

　　智利的国土呈狭长形，看似不大，但却跨越了寒、温、热等多个气候带。根据不同的

气候特征，可以将智利分为三个区域：

- 北部：世界上最干燥的地区，多为高山和沙漠，出产矿产。
- 中部：地中海式气候，葡萄酒产区多分布在这个区域。
- 南部：雨水丰富，人少，岛屿多。

由于生长期干燥，加上自然环境对葡萄病毒的传播起了阻隔作用，智利的葡萄很少得病，是全球少见的优秀葡萄种植环境。

在重要的智利葡萄酒产区里，中央山谷葡萄酒产区最为中国人所熟知，这个产区中，又以阿空加瓜谷（Aconcagua Valley）和迈坡谷（Maipo）两个子产区最为著名。

阿空加瓜谷 这里是智利顶级的红葡萄酒产地。阿空加瓜谷是典型的地中海气候区，夏季炎热少雨，夜间气候较凉爽，非常有利于赤霞珠、西拉和佳美娜等红葡萄品种的种植。由于温差较大，葡萄具有良好的成熟度和酸度，酿造出的葡萄酒酒体雄厚饱满，细腻平衡。

迈坡谷 迈坡谷是中央山谷最炎热的子产区，这里夏季干旱炎热，冬季短暂温和，昼夜温差极大，非常适合赤霞珠、梅洛和西拉等葡萄种植，也是智利葡萄酒诞生的摇篮。迈坡谷是智利第一代酿出优质葡萄酒的产区，在19世纪根瘤蚜病害发生之前，就引进了波尔多葡萄品种。迈坡谷也像波尔多一样，将赤霞珠、梅洛等品种进行混酿，因此被称为智利的"波尔多"。很多知名的酒庄聚集在此，如干露酒庄、桑塔丽塔和圣卡罗酒庄等。

多样化的风土类型造就了智利所种植的葡萄品种的多样性。在这片太平洋与安第斯山脉之间的狭长地带上，总共种植了超过20种的葡萄，如赤霞珠、梅洛、西拉、黑皮诺、马尔贝克等，其中大部分都是来自于法国的品种。在这中间，又有约四分之三的葡萄品种属于红葡萄，佳美娜为其标志性品种。佳美娜有着有黑色水果以及香料的香气。1860～1870年，根瘤蚜虫病在法国疯狂蔓延，使佳美娜葡萄受到重创。这场巨大的灾难也让法国人放弃了种植"娇贵"的佳美娜葡萄。人们以为，这种葡萄品种从此永远消失了，但实际上，就在这场灾难发生的十年前，该品种的葡萄苗就已经被移植到了智利——尽管在那里，人们最初一直将这一葡萄品种误认为梅洛。直到1994年，通过DNA鉴定，佳美娜的身份才最终得以确认。

【延伸阅读】

关于智利葡萄酒的小趣闻

1. 纸包装葡萄酒

智利最具特色的葡萄酒要算纸包装的Gato葡萄酒。这种简易包装葡萄酒在超市随处可见，外观跟中国的纸盒装果汁没有太大的区别。

2. 疯马葡萄酒

二十世纪初，在圣地亚哥，用疯马庄牌子的葡萄酒招待客人可以凸显主人的身份地位。

3. 唐铂琥葡萄酒

为位于中央山谷的冰川酒厂出产。唐铂琥（Tantehue）葡萄酒不同于冰川酒厂的传统品牌，它口感甜美柔顺，酒体丰满，带有浓郁的果香，可以与各式美食完美搭配。唐铂琥赤霞珠干红葡萄酒是智利网球明星费尔南多·冈萨雷斯（Fernando Gonzalez）颇为钟情的酒款。

4. 地震酒

1985年，智利曾经历过一次地震。震后，一个智利酒吧把葡萄酒和冰淇淋混合发明了"地震酒"，之后迅速在全国普及并成为智利国庆的必需品。2011年的国庆日，圣地亚哥郊区布因区一处乡间度假村在巨大木桶中一次性调制了1000加仑的"地震酒"，供百人共饮，其景象非常壮观。

【课后练习】

1. 阿根廷最出名的葡萄酒产区是哪个？以出产什么葡萄品种为主？
2. 智利最重要的红葡萄品种是什么？

项目三
新世界
葡萄酒产区

活动6 阿根廷与智利
葡萄酒餐酒搭配

【学习目标】

1. 了解阿根廷美食及其餐酒搭配。

2. 了解智利美食及其餐酒搭配。

3. 初步掌握中餐如何搭配阿根廷和智利葡萄酒。

【情景模拟】

小马："阿根廷的探戈好看，没想到葡萄酒也能惊艳到我。"

小李："美食也不少哦，那里的烤肉也很出名呢。"

小马："我刚刚入手了一瓶阿根廷的马尔贝克，不知道如果吃当地的菜要搭配些什么好。"

小李："那我们一起聊聊阿根廷的餐酒搭配吧。"

接下来，让我们一起来探索阿根廷的美食与葡萄酒的美妙碰撞吧。

【相关知识】

一、走进阿根廷

提起阿根廷，大概很多人首先会想到的就是绿茵场上的梅西和马拉多纳。实际上，不止是足球，阿根廷还盛行马球。广袤的草原既让阿根廷得以出产大量的优质马匹，也帮助它拥有了马球运动上的世界领先地位。

除了体育运动，作为全球第一大牛肉生产国，阿根廷还拥有享誉全球的顶级牛肉。由于通常在大片草原上放牧生长，这里产出的牛肉质地幼嫩而多汁，颜色独特而美味，脂肪和胆固醇相对较少。

由于其独特的狭长地理版图，阿根廷除南部属寒带外，大部分国土均位于温带和亚热带气候区。总体而言，这里气候多样，四季分明。阿根廷还拥有着世界上海拔最高的葡萄园，是全球第五大葡萄酒产出国，最好的葡萄酒全都留在了国内。主要的葡萄酒产区有：

门多萨　门多萨是门多萨省的首府，也是阿根廷中西部的历史名城，这里处处洋溢着欧洲城市的风情。城西的格洛里亚山山巅，矗立着一座雄伟的"安第斯远征军纪念碑"，这个门多萨最著名的地标是为了纪念南美独立英雄圣马丁和他所率领的安第斯远征军而修建的，人们希望英雄们能够一直俯视着这座让他们建立功勋和荣耀的城市。

阿空加瓜山　阿空加瓜山位于门多萨省西北端，海拔高达6962米，外号"美洲巨人"，是亚洲之外最高的山峰，吸引着来自世界各地的登山爱好者。

二、阿根廷美食

1. 恩帕纳达斯饼

阿根廷最受欢迎的街头小吃，意为"裹着面包"。顾名思义，面团做的"口袋"里面可以加入任何你喜欢的馅料：鸡肉、芝士，或是甜玉米，当然，其中最受欢迎的还是牛肉馅。不同地区的恩帕纳达斯饼中还会添加不同的调味料，每一种都风味独特。

适配酒类型　鸡肉、芝士类馅料的恩帕纳达斯饼可搭配干白葡萄酒或起泡酒，若是牛肉馅的恩帕纳达斯饼，则可以选择酒体中等的干红葡萄酒。

2. 阿根廷烤肉

烤肉虽然是在世界各地十分常见的一种菜式，但是阿根廷境内的烤肉却独具特色。这种烤肉精选自当地特选的牛羊肉，用调料腌制以后烤制成熟，然后再切成小片、配上洋葱一起食用，肉质鲜嫩，入口爽滑而不肥腻。

适配酒类型　可选择酒体饱满的马尔贝克干红葡萄酒。

3. 阿根廷烤大鱿鱼

烧烤是阿根廷这个国家制作美食的常用方法，多数餐厅中都有烤大鱿鱼这道菜，主要食材为海洋中捕捞的新鲜鱿鱼。一般做法为：将鱿鱼处理干净，用调料进行腌制后放入到烤箱中，待烤熟后再涂抹上当地的香料，其色泽金黄、味道诱人。

适配酒类型　可搭配特浓情干白葡萄酒或者起泡酒。

三、阿根廷葡萄酒与美食的碰撞

马尔贝克与特浓情是阿根廷葡萄酒的主要品种，我们重点学习这两个品种葡萄酒的相关配餐知识。

1. 马尔贝克红葡萄酒

马尔贝克红葡萄酒酒体丰满，散发着李子、黑樱桃果酱、泥土和巧克力的芳香。这种葡萄酒可以搭配烤牛肉、烤牛排等阿根廷本地菜式，也可以搭配烤乳猪、烤猪排和叉烧排骨等中餐。牛肉可让马尔贝克葡萄酒的口感变得更为柔顺，而烤的方式则可以让葡萄酒中的果香散发得更充分，喝起来香气四溢。

2. 特浓情白葡萄酒

特浓情因其拥有甜美的玫瑰花香气与白桃、柠檬皮的风味，故无论是与亚洲菜系还是墨西哥佳肴、无论是与海鲜还是烤鸡，都能很好地搭配。亚洲菜系中，使用香辛料较多的泰国菜、印度菜，尤其能突显特浓情的细致香气与酸味，如椰香咖喱菜式、泰式辣炒花生等。

四、走进智利

每年都会有很多游客追逐着"天涯之国"智利的魅力而来到这个国度。几个世纪以前，当这片新大陆被发现后，欧洲文化不断在此聚集，并与传统的印第安文明相互碰撞交融，最终形成了自己独特的风格。在智利，历经几百年的传播与发展，教会在智利已具有很强的影响力，绝大多数人都信奉天主教。

智利的艺术在美洲地区占据着十分重要的地位，整个国家的艺术氛围极为浓厚，仅首都圣地亚哥就有着二十多座美丽的艺术博物馆。智利的图书出版也是南美洲之最，它拥有南美洲地区最大的图书馆，每年出版的图书数量、品种众多，奠定了智利文化在南美地区不同一般的地位。

在旅游方面，阿塔卡沙漠简直就是智利的宝藏——作为世界"干极"，它孕育了太多让人叹为观止的自然景观，阿塔卡玛盐湖就是其中之一。这是世界第二大盐湖，其中最负盛名的是一个叫Cejar的盐湖群，据说其盐分含量甚至超过了死海。

阿塔卡沙漠中，还有一个被游客称为沙漠之手的景点，这座手型雕像（也有中国游客称之为"五指山"）是由智利雕塑家于20世纪80年代创作而成的。若是放在城市中，这座雕像也许并不足以吸引你的目光，但是在浩瀚沙漠背景的映衬下，这只巨手看上去就多了几分沧桑风味。

五、智利美食

1. 焗蟹肉

西邻太平洋的智利有着丰富的海产，其中最令人骄傲的当属生长在智利海域低温海水中的螃蟹。带着甜味的可口蟹肉裹上面包屑，在浓郁的奶油和芝士中焗烤，加上特别制作的辣椒酱，就是最传统的智利风味。

适配酒类型　可搭配口感饱满的干白葡萄酒，如霞多丽等。

2. 肉馅饼

肉馅饼号称为智利的国食，是国庆日等节日是一定会出现的美食。肉馅饼中，不只有肉末，还会加入很多其他特色蔬菜，以及葡萄干、油橄榄、奶酪、海鲜等。在智利国庆节的时候一定会吃这个馅饼。

适配酒类型　起泡酒或者干型白葡萄酒。

3. 乔克洛

乔克洛是一种玉米面糊，也是当地非常流行的主食，是智利人待客时必定出现的美食。乔克洛的做法并不简单，要先将嫩玉米磨碎，然后再放入辣椒、西红柿、糖以及猪油等配料进行调和，最后一起包起来煮熟。煮熟后还要进行冷却，然后再用火烤制，这样才算完成全部工序。出锅后的乔克洛咬起来松软可口，非常好吃。

适配酒类型　可搭配口感清爽的干型起泡酒。

4. 智利三文鱼

智利的三文鱼产量巨大，居全球第二位，是世界上非常重要的三文鱼养殖地之一。所以来到智利，千万别错过这里的三文鱼菜肴，非常新鲜肥美。

适配酒类型　适合搭配霞多丽干白葡萄酒。

六、智利葡萄酒与美食的碰撞

1. 赤霞珠

赤霞珠是智利的"葡萄品种之王"。一般来说带有黑色水果（即黑加仑、黑樱桃等）的香气。单宁丰富强劲，带有肉桂和意式咖啡豆等香料的香味，风味浓郁，回味持久，适合搭配烤羊肉这类重口味菜品。

2. 黑皮诺

智利的黑皮诺葡萄酒往往显得果香甜美，带有红色浆果味，单宁柔和，适合搭配烤鹌鹑等禽类菜品。

3. 佳美娜

佳美娜颜色深黑，酿出来的葡萄酒有着浓郁的果香，单宁中等。适合搭配大多数肉类、烤鸡肉以及调味较好的菜肴。另外，佳美娜与黑香肠的口感也非常合拍。

【延伸阅读】

佳美娜葡萄与智利

1993年，智利酒类学家克劳德·瓦拉发现他办公室窗外的梅洛葡萄园有点不对劲。接下来的时间，从萌芽到收获，瓦拉始终密切关注着园里的葡萄藤的生长情况。他的耐心得到了回报：确实有一些葡萄藤的表现迥异于其他。通过对这些葡萄藤的叶子和成长模式的仔细研究，他终于发现有些葡萄藤的嫩芽是淡红色的，叶子上有五个小孔（重叠搭配形成一张鬼脸），而且这些有着"鬼脸"的叶子长出的葡萄，要比其他葡萄晚熟两到三周。到了四月份时，这些葡萄藤的叶子会变成深红色，和梅洛的叶子完全不同。

在这之前，智利的酒农们都认为，这只是由于十九世纪中期从法国引入的最初的葡萄藤在智利的泥土上发生了突变而已，但是克劳德·瓦拉显然并不接受这一解释，因此他邀请法国葡萄品种学家让－米歇尔·波里斯沃特过来看看。这位法国专家在实地考察过后，立即证实了瓦拉多年来的怀疑——那些在秋天里变红的葡萄藤并不是梅洛。

经过三年的基因检测收集，波里斯沃特确认这种葡萄藤实际上是一种叫做佳美娜的波尔多葡萄品种。1998年，智利农业部门正式认可了佳美娜葡萄品种。

【课后练习】

请你从阿根廷或者智利中任意挑选一个国家，用该产区的葡萄酒做一个简单的餐酒搭配，所配菜品须为中餐。请与同学们分享你的搭配结果。

活动7　南非与中国
葡萄酒知识及餐酒搭配

【学习目标】

1. 了解南非葡萄酒的产区及其餐酒搭配。

2. 了解中国葡萄酒的产区及其品种。

3. 了解中国八大菜系餐酒搭配。

【情景模拟】

西餐厅里来了两位客人：

客人A：还是喝澳洲的葡萄酒，如何？

客人B：今天我想喝点白葡萄酒，听说南非盛产白葡萄酒。

南非种植了一半以上的白葡萄酒品种，比如白诗南就是最重要的品种之一。

【相关知识】

一、南非葡萄酒

1. 南非葡萄酒发展史

1652年，荷兰东印度公司来到南非，开始在这里种植葡萄和酿酒，这是南非葡萄酒行业的开端。

1925年，南非葡萄酒历史上出现了一件突破性事件：佩罗德（Perold）教授成功地采用黑皮诺和神索（Cinsault）葡萄杂交出了一个新品种，命名为皮诺塔吉（Pinotage），并用这个新品种繁殖出许多植株。1961年，南非酿制出了第一瓶皮诺塔吉葡萄酒。

20世纪80年代，随着南非种族隔离政策的结束，南非葡萄酒重新向国外出口。

2. 南非的气候及葡萄种植条件

南非属于地中海式气候区,天气炎热,来自南极的本格拉寒流途经南非西岸,带来了宝贵的凉爽气候。因此,南非最主要的葡萄园都集中在离海洋较近的区域。

另有一些产区位于内陆。南非内陆极其炎热干燥,降水稀少,因此必需灌溉葡萄园。开普敦地区的土壤品类众多,适合不同葡萄品种的种植。

3. 南非葡萄酒酒标知识

"Wine of Origins"（简称WO）分级制度将南非的葡萄酒产区分为地理大区、地域大区、地区及次区。

南非的葡萄酒标简单易懂,主要标示了出产地区、葡萄品种和年份等信息。如果你拿到一瓶写有"Wine of Origin Stellenbosch"的2015年白诗南葡萄酒,你就至少得到了以下几方面的信息:

- 这瓶酒已经通过了葡萄酒测试;
- 这瓶酒酿酒所使用的葡萄85%都是白诗南;
- 每颗葡萄都来自于斯泰伦博斯（Stellenbosch）产区;
- 酿酒葡萄采摘于2015年。

此外,关于南非葡萄酒酒标的其他知识还有:

经典起泡酒（Cap Classique） 在产自南非的起泡葡萄酒酒标上,会标识着Cap Classique这一个词汇,意思是该葡萄酒为使用传统的香槟方法酿制（二次瓶内发酵）的起泡葡萄酒,其质量要求比一般的起泡葡萄酒要高。

晚收葡萄（Laat-Oes） 如果在酒标上标示有Laat-Oes的信息,则说明该葡萄酒的酿酒葡萄为晚收葡萄。这种葡萄含糖量高,成品酒一般为半甜型葡萄酒。

贵腐菌感染的晚收葡萄（Edel Laat-Oes）：如果在酒标上标示着Edel Laat-Oes,则指该葡萄酒的酿酒葡萄为受贵腐菌感染的晚收葡萄,因葡萄含糖量很高,其成品酒一般为甜型葡萄酒。

二、南非葡萄酒的餐酒搭配

皮诺塔吉（Pinotage） 皮诺塔吉是南非葡萄的国家标志性品种,是使用黑皮诺与神索杂交形成的新品种,其最大的特点是有着烧焦的橡胶味。它既可以经过橡木桶熟成,酿造出香气浓郁、口感粗犷、重酒体风格的葡萄酒,也可以酿造出口感轻盈柔软、带有红色水果香气、适合大口饮用的葡萄酒。目前,皮诺塔吉的潜力被不断开发出来,越来越受到世界的关注。

皮诺塔吉葡萄酒颜色深红,果味浓郁,有股浓厚的李子味,常伴有烟熏味、泥土味

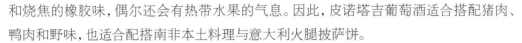

和烧焦的橡胶味，偶尔还会有热带水果的气息。因此，皮诺塔吉葡萄酒适合搭配猪肉、鸭肉和野味，也适合配搭南非本土料理与意大利火腿披萨饼。

白诗南（Chenin Blanc）　气候炎热的南非所种植的葡萄，一半以上为白葡萄品种，其中最重要的是白诗南，在本地称作Steen。南非白诗南风格表现多样，从清爽的干白到不同甜度的甜酒均可以酿造，但最受人称赞的还是老树龄白诗南所酿出的葡萄酒，风味复杂浓郁。

典型的白诗南葡萄酒口感清爽干脆，果味馥郁，非常适合搭配辣味料理，如咖喱等。另外，由于白诗南葡萄酒风格多样，还可以搭配蔬菜沙拉和一些风味浓郁的鱼类。同时，糖分较高的白诗南葡萄酒还可以搭配布丁或奶酪。

三、中国葡萄酒

1. 中国葡萄酒发展史

从汉武帝建元年间张骞自西域引进葡萄开始，这种带着宝石红颜色的酒类就已经被国人饮用。魏晋南北朝时期，葡萄酒文化开始兴起，至唐代更为浓厚，这一点从诗人王翰所创作的那流传至今、脍炙人口的著名诗句"葡萄美酒夜光杯，欲饮琵琶马上催"中可见一斑。但由于国人对蒸馏白酒的偏爱，葡萄酒在明清两代的饮用量逐步下降。

清末，葡萄酒被洋人从欧洲带到中国，渐渐出现在了上流社会的餐桌上。清末民初，爱国华侨张弼士先生从欧洲带回了多个品种的葡萄幼苗，1892年种植在烟台，并在同年创办张裕葡萄酒公司，从此开始了中国近现代葡萄酒的发展历程。

2. 中国葡萄酒产区

随着近年中国葡萄酒在世界比赛中屡获殊荣，中国葡萄酒也逐渐走入葡萄酒爱好者的视野。中国葡萄酒主要分为八大产区，分别为胶东半岛产区、昌黎—怀来产区、东北产区、宁夏产区、新疆产区、甘肃武威产区、西南产区和清徐产区。

3. 中国主要种植葡萄品种

中国的许多葡萄酒产区主要种植赤霞珠、品丽珠和蛇龙珠这三个红葡萄品种，并称为"三珠"。

其中，蛇龙珠是中国一个相当出名的葡萄品种，1892年，张裕从国外引进大量葡萄品种，成功嫁接后衍生出许多新品种，其中就包括了蛇龙珠。蛇龙珠广泛分布于山东、东北南部、华北以及西北地区，其中以烟台和宁夏最为出名。其颗粒中等，果皮较厚，味甜多汁，酿造出来的红葡萄酒带有青草、蘑菇和香料的气息。经过DNA检测后，发现蛇龙珠就是佳美娜。

中国的白葡萄品种以霞多丽、贵人香和本地独有葡萄品种——龙眼为主。

四、中国葡萄酒的餐酒搭配

中华饮食文化博大精深,用葡萄酒与中餐进行餐酒搭配,需要注意什么呢?下面,我们选取八大菜系的特色菜作为搭配参考。

1. 川菜

川菜的主要特点在于善用辣椒、胡椒、花椒、豆瓣酱等调味品,以麻辣为主,所以在搭配葡萄酒时应该尽量选择果香浓郁的干型或者半干型葡萄酒。

搭配建议 山东蓬莱产区的贵人香(Italian Riesling)酿造的葡萄酒,果香浓郁,酒味醇厚,口感柔和,酸度适中,适合川菜这种较为麻辣的菜肴。川菜也可以搭配半甜型的白葡萄酒。

2. 苏菜

苏菜的特点是原汁原汤,浓而不腻,以名菜清炖狮子头为其代表。苏菜的大部分菜肴都可以选择甜型或者半干型葡萄酒来搭配,因为苏菜注重本味的特点可以让"红酒配红肉,白酒配白肉"这一原则得以淋漓尽致的体现。

搭配建议 山西清徐产区干型桃红葡萄酒或口味比较清淡的黑皮诺葡萄酒。

3. 徽菜

徽菜以烧、炖、熏、蒸菜品出名,善用火候,火功独到,就地取材,力求菜肴之鲜美,因此,所配葡萄酒需结合菜肴的原材料、调料和烹饪方法综合分析,然后进行选择。

搭配建议 以徽菜代表菜清炖石鸡为例,因其保持原汁原味,鲜醇无比,素以徽菜上品著称,可搭配河北怀来产区的霞多丽干白葡萄酒。

4. 鲁菜

鲁菜即山东菜,是黄河流域烹饪文化的代表。鲁菜主要以咸鲜为主,所以在搭配葡萄酒时应该尽量选择甜型或者半干型葡萄酒。

搭配建议 以鲁菜名菜九转大肠为例,搭配澳洲黄尾袋鼠梅洛半干型红葡萄酒较为适宜。

5. 粤菜

粤菜口味随季节而变化,夏秋偏重清淡,冬春偏重浓郁,但在很大程度上保持了原材料的原汁原味,故大多可以和干型、半干型白葡萄酒或桃红葡萄酒搭配。

搭配建议 以白切鸡为例,这道菜的口感为咸鲜,可搭配带有姜味的琼瑶浆半干型白葡萄酒。

6. 浙菜

浙菜的主要特点是风味多以咸甜、酸甜为主,这也就在一定程度上决定了浙菜适合同甜型或是半干型葡萄酒搭配,至于到底是选择白葡萄酒还是红葡萄酒,还要从菜肴的烹饪方式和原材料的选择上去综合分析。此外,葡萄酒香气的浓郁程度也应该同菜肴风味的浓郁程度相匹配。

搭配建议 大家肯定对东坡肉非常熟悉,这道甜、鲜、肥而不腻的菜品适合搭配一些意大利甜红葡萄酒。

7. 闽菜

闽菜即福建菜,以烹制山珍海味而著称,具有清鲜和醇、荤香不腻的风格特色,大部分菜肴都可以同干白葡萄酒或是桃红葡萄酒搭配。

搭配建议 以蚵仔煎为例,这是一道用牡蛎、鸡蛋等材料做成的菜品,适合搭配清淡风格的霞多丽干白葡萄酒。

8. 湘菜

湘菜即湖南菜,调味尤重酸辣,所制成的菜肴开胃爽口。湘菜这种酸辣的特点令其在葡萄酒的配餐选择上比较局限,因为辣味会在一定程度上破坏葡萄酒的果香,所以针对辣味食品的葡萄酒搭配,首选以果香浓郁的为佳。

搭配建议 以剁椒鱼头为例,适合搭配冰镇的起泡类甜型葡萄酒进行搭配。

【延伸阅读】

中国贺兰山东麓葡萄酒产区

要说起中国葡萄酒,贺兰山东麓可能是大家比较耳熟能详的产区之一。贺兰山东麓有着适宜酿酒葡萄生长的优越的条件,那里地势平坦,土壤肥沃,光照充足,昼夜温差大,有利于糖分累积。

"贺兰山下果园成,塞北江南旧有名。"脍炙人口的唐诗名句,是对当时宁夏河套平原风光的真实写照。而诗人贯休"赤落蒲桃叶,香微甘草花"的著名诗句,则是对唐代宁夏地区已经大量栽培葡萄的佐证。两宋时期,宁夏河套平原是西夏少数民族割据政权的政治经济中心,园艺生产出现了"丛林果木皆增盛"的繁荣景象。元代诗人马祖常在其《灵州》一诗中,写下了"葡萄怜美酒,苜蓿趁田居"的著名诗句。

改革开放以来,中国传统的葡萄种植业焕发了生机与活力。在继续发展鲜食葡萄的同时，开始将种植品种的重点转向酿酒葡萄，在贺兰山东麓适生地建立标准化种植园，先后从国外引进了适宜酿制红葡萄酒、干白葡萄酒的赤霞珠、品丽珠、蛇龙珠、梅洛及霞多丽等无病毒种苗，大面积推广栽培。酿酒葡萄种植已经成为带动当地产业结构战略性调整的支柱产业之一。

【课后练习】

请你在中国八大菜系中选出几个经典菜，做一个简单的餐酒搭配，并与同学们分享你的搭配。

活动1　认识起泡酒

【学习目标】

1. 了解起泡酒的四种酿造方法。
2. 掌握各国著名的起泡酒。

【情景模拟】

餐厅里，李经理正在教起泡酒知识。

李经理："今天我给大家讲讲起泡酒的一些知识。"

小麦："起泡酒就是香槟吗？"

小马："应该说香槟是起泡酒的一种，但不知道起泡酒是怎么酿的？"

李经理："小马说得对。起泡酒有着不同的酿造方法，味道上也差别较大。不过你们知道起泡酒中的二氧化碳是从哪里来的吗？"

小李："我去过啤酒厂，二氧化碳都是后面添加进去的。"

李经理："嗯，最便宜的起泡酒的确是采用这种方式，但一般来说，起泡酒是通过收集发酵过程中产生的二氧化碳制成的。你们还记得发酵的公式吗？"

小马："记得，发酵会产生酒精和二氧化碳。"

李经理："唔。另外，还要特别注意，用来酿造起泡酒的葡萄一般需人工采摘，这样才能最大程度地保证葡萄的完整性。压榨的时候呢，更是要轻柔，不能让葡萄里的色素跟单宁跑出来。你们可以对世界各国的起泡酒多加了解。"

接下来，让我们一起来探究起泡酒的奥秘。

葡萄酒知识与侍酒服务

【相关知识】

一、起泡酒的定义

起泡酒，就是指是在20℃时二氧化碳压力大于一个大气压、形成气泡的葡萄酒。它是一种富含二氧化碳、适合于各种喜庆场合的酒种。

作为优质起泡酒的基酒，酒精度数要低，酸度要高，这样，才能确保通过二次发酵的起泡酒在增加了1.5%的酒精度之后，仍然能保持起泡酒的平衡感。通过前面的学习，我们可以了解到，温度越高的地区，所生产的葡萄酒的酒精度往往就越高。所以，优质的起泡酒需要在凉爽产区种植和酿造，例如法国的香槟、西班牙的卡瓦、意大利的阿斯蒂、美国的卡内罗斯以及澳大利亚的莫宁顿半岛等产区，都是出产优质起泡酒的产区。

二、起泡酒的酿造方法

起泡酒主要有以下四种酿造方法：传统法、转移法、罐中发酵法及二氧化碳注入法。酿造方法的不同，决定了起泡酒风味及气泡持久度的差异。

1. 传统法

传统法也叫香槟法，采用这种方法酿造的起泡酒有法国香槟、西班牙卡瓦及意大利北部的传统发酵起泡酒等，它们一般都会在酒标上标注"Method Traditional"。

传统法酿造起泡酒时，其发酵工艺如下：

调配 将第一次发酵完成的不同基酒按规定的比例调配，例如酿造香槟的基酒有三种：黑皮诺、霞多丽和皮诺莫尼耶。

装瓶 将基酒装瓶后，酿酒师会向基酒中添加额外的糖和酵母，使其在密闭的玻璃瓶中再次发酵。在二次发酵过程中，酵母分解糖分并释放出二氧化碳，在密闭的酒瓶中，这些二氧化碳最终溶解到葡萄酒中，形成气泡。

酒泥接触 将死亡的酵母（称为酒泥）连同起泡酒陈酿一段时间，以获取特殊的风味。陈酿时间根据各个产区及起泡酒级别的差别而不同，如普通香槟的酒泥接触通常需要15个月。

转瓶与除渣 在与酒泥接触的阶段，酿酒师一般会将酒瓶倒置在A字架上，并通过旋转的方式，使酒泥逐渐沉淀在瓶口。最后将酒瓶头朝下地放入冰盐水或液态氨中冷冻。冰冻会使酒泥等沉淀物凝结成团块状，当拔出酒塞时，结块的沉淀物就会随着瓶中气压喷射而出，于是起泡酒的酒液就变得清澈了。这就是起泡酒酿造过程中的转瓶与除渣工艺。

添瓶 在除渣后，需要进行的是添瓶工艺。这一方面是为了填补因除渣而损失的酒

液,另一方面也是为了增添起泡酒的风味。根据起泡酒中剩余糖分的多少,我们可以选择不同类型的起泡酒,既有自然干型(Brut Naturel),也有绝干型(Extra Brut)、天然干型(Brut)、半干型(Sec)以及甜型(Doux)等。

2.转移法

一直到转瓶工艺之前,转移法与传统法的酿酒步骤都是一致的。但在二次发酵之后会将酒瓶中的酒全部倒入密封容器中,产生的酒泥通过过滤去除,并加入混合液补充,最终倒入干净的酒瓶之中。这种酿造方法的成本比传统法低,而且会在酒标上相应标注为"Bottle-fermented"。

3.罐中发酵法

罐中发酵法又称为查马法(Method Charmat),其方法为:把各种基酒混合后加入糖和酵母倒入密闭容器中,通过发酵产生二氧化碳,在二氧化碳压力到达额定标准后(一般需要10天),用过滤方式去除酒泥、装瓶。这样方式一般用于酿造果味浓郁、容易饮用的起泡酒。

4.二氧化碳注入法

所谓二氧化碳注入法,就是往基酒中额外添加二氧化碳。这种方法不太常见,只用于制作一些低端起泡酒。

三、各国著名的起泡酒

1.法国香槟

对绝大多数人来说,"香槟"都不是一个陌生的名词。长久以来,香槟一直是奢华、高贵、喜庆的代名词,即使价格不菲,仍然受到全球消费者的喜爱。但实际上,只有在法国香槟产区出产的起泡酒,才能叫做香槟(Champagne),而且,香槟的酿造葡萄品种在法律上是有特别规定的,必须是产区规定的七个法定品种,不过,绝大部分香槟只用霞多丽、黑皮诺和莫尼耶皮诺三种葡萄来酿造。香槟在经过至少15个月酒泥接触后,会产生明显的面包、饼干等的酵母风味。

香槟可以分为以下几种类型:

无年份香槟(Non-Vintage Champagne,简称NV) 即用来酿造这瓶香槟酒的葡萄不是在同一年份采收的。无年份香槟往往是各大香槟生产商的主要产品。每个香槟酒厂都有自己的特殊风格,而无年份香槟正是这种风格的完美体现。

年份香槟(Vintage Champagne) 即用来酿造这瓶香槟酒的葡萄都是在同一年份采收的。传统上,只有葡萄品质最优秀的年份才能生产年份香槟,而且必须经过36个月的酒泥接触，以保证其极高的品质。

白中白香槟（Blanc de Blancs） 简单来说，就是仅使用霞多丽葡萄品种酿造的白色香槟。这种香槟以轻酒体和高酸度为特征，显得非常优雅。

黑中白香槟（Blanc de Noirs） 即用黑皮诺和皮诺莫尼耶两种红葡萄酿造的白色香槟酒。这种香槟一般酒体丰满，结构感较明显，并具有明显的红色水果风味，口感浓郁。

桃红香槟 这种香槟是在白色香槟酒的基酒中加入红葡萄酒调和而成的（欧洲地区的静止桃红葡萄酒不可以用这个方法调和）。桃红香槟由于含有一定量的红葡萄酒，会带有更多红色水果的特有香味和清新的花香，气泡细腻、优雅，回味悠长。

当然，除了香槟区，法国其他葡萄酒产区也都有酿造起泡酒的悠久历史。大多数法国产区的起泡酒都采用传统法酿造，经过瓶中二次发酵而成，这些起泡酒被通称为克雷芒（Crement）。除香槟以外，比较著名的起泡酒有阿尔萨斯起泡酒、勃艮第起泡酒和卢瓦河起泡酒等。

2. 意大利起泡酒

普罗塞克 普罗塞克起泡酒是世界上最流行的起泡酒之一，广受世界各国人民的喜爱。它产自位于意大利东北部的威尼托产区，使用二次罐中发酵法酿造。酿酒选用的葡萄品种是歌蕾拉（Glera），该葡萄原产于普罗塞克镇，因此也叫做"普罗塞克"葡萄。

阿斯蒂 阿斯蒂起泡酒来自意大利最有名的葡萄酒产区皮埃蒙特，使用麝香葡萄（Muscato）酿造，酒精含量不高，只有7%左右。这种酒适合年轻时饮用，有着玫瑰花、蜂蜜的味道。

兰布鲁斯科 兰布鲁斯科起泡酒同样产自意大利，其特点是风格多样，既可以酿出干型酒，也可以酿出甜型酒，既可以酿出颜色轻淡、充满草莓味的起泡酒，又可以酿出颜色深浓、充满蓝莓味的起泡酒。

3. 西班牙卡瓦

西班牙的卡瓦（Cava）是世界三大起泡酒之一。一款优质的卡瓦起泡酒通常采用沙雷洛葡萄酿造，并辅以马家婆和帕雷亚达葡萄。当然，其他一些葡萄品种也可以用来制作卡瓦，包括用于酿制香槟的霞多丽和黑皮诺。

品质上佳的卡瓦起泡酒酒体轻盈，结构非常细腻，适合在夏天享用。此外，跟香槟类似，在西班牙，卡瓦也是喜庆之酒，是人们在一些特别的日子里饮用的首选品种。

4. 德国塞克特

起泡酒在德国被称为塞克特（Sekt），酿酒时，不仅对葡萄品种的使用没有严格限制，而且连产地也都没有严格要求。但需要注意的是，标注为"德国塞克特"（Deutscher

Sekt）的起泡酒，一定要要用德国产区种植的葡萄并在德国国内酿造。

5. 澳大利亚与新西兰起泡酒

澳大利亚起泡酒的品种较多，白、桃红和红起泡酒皆有，主要在阿德莱德山区、亚拉河谷及塔斯马尼亚等地区出产。澳大利亚最具特色的起泡酒是用西拉葡萄酿造的红起泡葡萄酒，风格浓郁饱满，带有红浆果、樱桃的香气及香料味。

新西兰起泡酒一般会用传统法酿造，且使用和香槟一样的典型葡萄品种，如霞多丽、黑皮诺等。在马尔堡产区，还有使用长相思葡萄制作的长相思起泡酒。

【延伸阅读】

关于香槟酒的趣闻

在很多"专业"文章里，你都会看到作者把"香槟之父"的头衔授予唐·佩里侬修士。但可惜的是，他并没有发明香槟。实际上，他花了很大的力气研究如何去掉香槟里的气泡，比如在酒桶里加入烈酒，或者用黑皮诺来酿造白葡萄酒。原因很简单——在他那个时代，由于玻璃瓶技术的问题，酒冒泡可不是什么值得欢欣鼓舞的事情，反而会引发爆瓶的危险。

万幸，在经过艰苦的努力后，佩里侬修士还是失败了，我们如今才能喝上带气泡的葡萄酒。不过，唐·佩里侬修士和他的继承者们还是极大地改良了香槟的酿造工艺，比如将不同年份的香槟调配在一起的做法，所以在香槟历史上，唐·佩里侬还是留下了不可磨灭的印迹。也难怪香槟人在历史上曾三番五次向梵蒂冈教廷申请，希望能把唐修士封为"真福"。

今天我们说起香槟，可能大多会第一时间联想到一位女性手执高脚杯小口品尝的优雅模样，但是，很遗憾，历史上香槟的形象却几乎总是和女强人们牢牢绑在一起——在香槟历史上留下最多印记的，除了修道士们外，也就是寡妇了。

凯歌香槟的彭莎登夫人、罗兰百悦香槟的百悦夫人和德诺兰库尔夫人、波马利香槟的露易丝·波马利夫人、法兰西首席香槟的莉莉·伯那吉夫人、路易王妃香槟的卡米耶·奥尔利—侯德尔夫人、杜洛儿香槟的卡洛夫人……这些可敬的女士，几乎代表了整个香槟历史的变迁。

不知道是哪个香槟酒商想出了"爱一个女孩，就要舍得为她开香槟"这种广告，小伙子们端起香槟表白的时候，恐怕还不知道，自己不知不觉间已经多寄托了一层"就算没有我，你一样可以活得很好"的含义在。特别是在婚礼上，如果选择著名的凯歌香槟，恐怕还是有点不妥的，因为这个法语名字直接翻译过来，应该是"凯歌寡妇香槟"。

（来源：知味葡萄酒杂志）

【课后练习】

一、判断题

1. 在德国生产的起泡酒也可以称之为香槟。　　　　　（　　　）

2. 传统法比转移法更加节约成本。　　　　　　　　　（　　　）

3. 普罗塞克是意大利东北部的起泡酒。　　　　　　　（　　　）

4. 塞克特起泡酒不一定在德国生产。　　　　　　　　（　　　）

二、实践练习

酒店有一桌客人点了起泡酒，请你以一个侍酒师的身份设计出一个场景，将相应的侍酒过程进行一次演练。分小组进行。

活动2 起泡酒餐酒搭配

【学习目标】

1. 掌握搭配起泡酒的各国美食。

2. 了解不同甜度的起泡酒及其配餐。

3. 了解香槟配餐的技巧。

【情景模拟】

一个法国香槟晚宴上。

小马："喝起泡酒用哪种杯子最为合适呢？"

李经理："一般来说，用以品鉴起泡酒的酒杯主要有香槟碟型杯和长笛型杯两种，但长笛型杯更好些。"

小马："有什么特殊作用吗？"

李经理："用碟型杯的话，在倒酒时，酒液容易飞溅，并且二氧化碳易散失，气泡不持久，所以这种杯型一般只适用于香槟塔。长笛型杯又长又细，在倒酒时，既能防止酒液飞溅，气泡也比较持久，是品鉴香槟不错的选择。"

小马："所有起泡类酒的风味都像香槟这样酸度又高，口味又干的吗？"

李经理："当然不是，不同酿造方法、不同区域酿造出来的起泡酒，风格都各不相同。"

小马："那像起泡酒在配餐上有什么讲究呀？"

李经理："好，下午我们找个时间讲讲起泡酒的配餐吧。"

起泡酒是一种迷人又充满了喜庆氛围的葡萄酒，在各种节假日里，开一瓶馨香浪漫、闪亮迷人的起泡酒是件相当令人开怀的事情。当然，和红葡萄酒、白葡萄酒一样，起泡酒在配餐方面也很有讲究，不同类型的起泡酒适合搭配不同风格的菜肴。接下来就让我们一起来探究起泡酒的餐酒搭配吧。

葡萄酒知识与侍酒服务

【相关知识】

一、各国美食与起泡酒的搭配

鱼子酱 被称为"西方三大珍味"之一。只有鲟鱼鱼卵才能被称为鱼子酱，其中以产于接壤伊朗和俄罗斯的里海的鱼子酱质量最佳。鱼子酱作为西餐菜肴中的冷盘，要与之搭配，就要选择酸味偏重、香味清爽的香槟，否则太香浓的酒味会掩盖鱼子酱本身的味道。咬碎鱼子的一瞬间，那种海洋气息会散满你的口腔，与香槟的细腻泡沫口感搭配，堪称完美。

水果塔 一款英式茶点，有着酥脆质感的麦香原味和鲜嫩可口的水果味。作为配搭水果塔的上乘之选，甜型香槟有着复杂而又充满诱惑的白色水果香气，入口酸甜，回味悠长且高雅。甜型香槟和带着微酸口感的新鲜水果塔，可以让你在微醺的下午陶醉。

烧烤鸡肉三明治 其中的鸡肉所用的烧烤汁是烟熏味的，而且香料味道不会太多，所以选择配搭烧烤鸡肉三明治的起泡酒就不能选择酒体太轻盈的，否则酒味容易被烧烤食物的味道所掩盖。在配酒上，可以选择西班牙的卡瓦起泡酒，它虽然不能像香槟那样拥有精妙复杂的层次感，但却能极好地与烧烤类食物相匹配。

奶酪通心粉 以奶类制品为主调味做成的菜品很容易与酒进行搭配，而搭配香槟、卡瓦等以传统法酿制的起泡酒，可以增加这些食物的奶油口感，使之更为鲜美。

二、起泡酒的配餐

1. 不同甜度的起泡酒配餐

绝干型（Extra Brut） 绝干型起泡酒指的是糖分含量极少的起泡酒。这种起泡酒适合搭配简单烹制过的鱼类和贝壳类，也可以搭配油炸食品——起泡酒中的酸度可以让油炸食品尝起来口感更加脆爽。建议搭配牡蛎、生鱼片或者炸薯条等饮用。

干型（Brut） 干型起泡酒比绝干型起泡酒的甜度稍微高一些。这种起泡酒可考虑与奶酪盘进行配餐，因为它可以增加这些食物的奶油口感，使它尝起来更新鲜甜美。建议搭配奶酪盘、蘑菇烩饭等饮用。

微甜型（Extra Sec）/中甜型（Sec） 这两种类型的起泡酒适合搭配不太甜的甜品、水果沙拉等。

甜型（Demi-Sec）/极甜型（Doux） 这两种类型的起泡酒糖分含量最高，需要搭配那种可以中和酒中甜度的食物类型，如蓝纹奶酪、曲奇饼干、蛋糕等，还可以搭配印度咖喱等带有辣味的菜肴。

2.起泡酒的的经典搭配

年份香槟配烤火鸡　香槟随着陈年时间的增加,会增添烟熏的风味,也会有一些榛子风味。这种葡萄酒显然非常适合与稍带坚果和烟熏味道的食物搭配,如烤火鸡等。当然,要是在烤火鸡上浇点红莓酱和肉汁的话,二者的搭配就几乎堪称完美了。

桃红起泡酒配红烧肉　除了香槟,法国很多其他产区都出产起泡酒(克雷芒),如朗格多克产区的利慕起泡酒、勃艮第产区的勃艮第起泡酒等,其中的桃红起泡酒非常适合与香料味十足的红烧肉搭配。

兰布鲁斯科起泡酒配烤火腿　吃烤火腿时,人们通常会沾一些甜味酱来使其口感更为鲜美,而甜味酱的风味与微甜的起泡酒,又恰好在味道上"步调一致"。虽然普鲁塞克也可以与烤火腿搭配,但相比之下,兰布鲁斯科的风味会与其配合得更完美。

卡瓦起泡酒配薯条　西班牙的卡瓦起泡酒与香槟的风格非常类似,都是采用传统法酿造而成。但相较而言,卡瓦更加适合日常的油炸食品和油腻的慢炖食物。另外,清新脆爽的卡瓦与脆口的薯片也是一对完美的组合。

三、香槟配餐技巧

不同葡萄品种酿制的香槟风味不同,搭配的菜品也往往不同:霞多丽葡萄酿制的白中白香槟酸度高、果香重、清新爽口,最适合当餐前的开胃酒;以红葡萄酿制的黑中白香槟在口感与果味的浓郁度方面都会上升一个档次,不仅能搭配海鲜菜肴,还可以搭配禽类菜肴;桃红香槟则常被用来搭配肉类料理,成熟且比较浓厚的桃红香槟甚至可以用来搭配那些本来只有浓重强劲的红酒才可以匹配的菜式,如滋味香浓的野味,煎烤羊排或成熟味浓的奶酪等。下面我们来看看看几组常见的香槟与食物的配搭:

水果配搭香槟　水果与香槟是能很好配搭的食物,如苹果、梨子、甜瓜等。但要注意,勿选用甜味太重或者是有着特殊风味的水果(如榴莲),因为这些水果味道会盖过香槟酒精致的风味。

海鲜配搭香槟　鱼类、海鲜,尤其是龙虾,都是香槟的最佳拍档。另外,熏制的大马哈鱼搭配香槟的效果出奇的好,其他如熏鳟鱼、红鲷鱼、鲈鱼、蛤、生蚝等味道偏咸的菜肴,也都能与香槟成为绝佳的搭配。

点心配搭香槟　能与香槟搭配的点心种类较多,如饼干、曲奇、松饼等。另外,蛋糕、水果馅饼和柠檬味点心等一些并不是特别甜的西点,都是香槟的理想伴侣。

寿司配搭香槟　多数的寿司都能与干型香槟酒构成和谐的搭配。

【延伸阅读】

葡萄酒界的诡异趣闻

1. 飞碟禁止法

1954年教皇新堡产区颁布的一条法律明文规定，禁止任何外星飞碟在其葡萄园中起降和飞行。这可是断了爱喝歌海娜葡萄酒的火星朋友的买酒之路啊！

2. 女性禁止法

古希腊法律规定，女性不能进入阿索斯山葡萄酒产区。这条法律存在的原因很简单：阿索斯山被希腊人奉为神山，由僧侣们驻守，而女性会影响守山僧侣的坚定心智。也就是说，女性被禁止进入阿索斯山的原因，和她们被禁止进入奥林匹斯运动会的原因是一样的。

3. 考试福利

在爱尔兰的三一学院内，有这么一条有趣的规定：任何带剑上考场的学生都可以向监考老师要一杯葡萄酒，以安心定神。

4. 放在鸟笼里的起泡酒

德国酒窖的角落往往会放着鸟笼。根据德国法律规定，起泡酒必须放在鸟笼中锁起来，以方便税务局来收取一笔额外的"奢侈税"。这一奇特的法律于1902年颁布，至今依然存在，其税款主要用于维护德国海军。

5. 买酒问太太

在美国宾夕法尼亚州，已婚男士要想买酒喝，一定得过太太这一关。法律规定，任何已婚男士购买任何酒精饮料时，必须手持由妻子签名的许可书。这项法律的灵感来自于一部叫做"费城家庭主妇"的电视节目，其颁布使得妻子们对丈夫的满意度大大提升。

6. 禁止用酒喂鱼

美国俄亥俄州的相关法律规定，禁止用酒喂鱼。因此，在那里，若想吃鱼，你最好事先向当地人咨询清楚相关吃法，因为之前曾出现过有人食用酒烧鲑鱼而被起诉的案例。

（来源：红酒百科全书）

【课后练习】

看了这么多关于起泡酒餐酒搭配知识，你心中对于起泡酒的配餐有什么新的见解吗？请为一场起泡酒酒会活动选择几款品鉴用酒。

活动3　认识加强酒

【学习目标】

1. 掌握加强型葡萄酒的定义。

2. 了解加强型葡萄酒的种类。

【情景模拟】

餐厅里，李经理正在教授酒水知识。

小李："有没有高于18度的葡萄酒呢？"

李经理："有的，今天我们要品尝的加强酒就是。"

小马："加强酒有什么特点啊？"

李经理："加强酒其实就是在葡萄酒酿造过程中，在发酵过程中或者发酵完成后，往酒液中添加酒精，以便提高其成品酒中的酒精含量，让酒变得'更有劲'，酒的力道自然也就被'加强'了。"

小马："那吧台上面放着的这瓶波特酒是不是就是加强酒呀？"

李经理："没错。不过除了波特酒以外，加强酒还有好多品种，我今天就来给你们讲讲加强酒吧。"

接下来，让我们一起来学习加强酒的相关知识。

【相关知识】

一、加强型葡萄酒

加强型葡萄酒简称加强酒，是指在葡萄酒发酵过程中或发酵后加入蒸馏烈酒（如白兰地）而制成的葡萄酒。最初，在葡萄酒中加入烈酒是作为一种延长保存时间的手段,到了今天,它已经作为一种重要的葡萄酒品类而深受各国消费者的喜爱。

二、加强酒的种类

常见的加强酒有波特酒、雪莉酒和马德拉酒三种,由于使用的葡萄品种、酿造工艺和加强方式不同,它们在风格上存在着较大的差异。

1. 波特酒

波特酒素有葡萄牙"国酒"之称,产于葡萄牙的杜罗河谷产区(Douro Valley),是葡萄牙特有的加强型葡萄酒。

波特酒起源于17世纪英法百年战争期间。当时,英国政府对敌对国——法国进口的葡萄酒征收了高额的惩罚性关税,迫使英国酒商把眼光投向与英国政治关系友好的葡萄牙。然而,由于两国路途遥远,长时间的海上运输使得葡萄酒常常在抵达目的地时已经变质。

直到1678年,英国人终于发现了在葡萄酒发酵时添加白兰地的方法。这一办法能提高酒精度,杀死葡萄酒中不稳定的酵母,从而确保葡萄酒能够以一个良好的状态到达英国,于是波特酒应运而生。

一般来说,波特酒都采用产自葡萄牙本土的葡萄品种酿造,如国产杜瑞加(Touriga Nacional)、杜瑞加弗兰卡(Touriga Franca)等品种。波特葡萄酒可以分为以下几种:

白波特酒(White Port) 白波特酒是用白葡萄品种酿制,呈现稻草黄色或者琥珀色的色泽,具有柑橘类水果、核果、坚果和香料等风味,风格较为清新。

宝石红波特酒(Ruby Port) 宝石红波特酒是用不同年份的波特酒调配而成的,调配后一般不需要陈年,是所有波特酒中价格最平易近人的一种。宝石红波特酒的味道较甜,单宁较低,带有成熟的樱桃味道。(见第VIII页图①)

茶色波特酒(Tawny Port) 茶色波特酒以宝石红波特酒为基础,但需要至少熟成6年,一般带有奶油和黄油的味道,还散发着焦糖的气息。

晚瓶装波特酒(Late Bottled Vintage Port) 简称为LBV波特酒,采用来自同一年份的高质量葡萄酿造,一般在橡木桶中陈年4~6年后装瓶。

年份波特酒(Vintage Port) 年份波特酒被称为波特酒王冠上的明珠,昂贵而稀少。这种酒并非每年都生产,它只在葡萄生长最好的年份、使用生长在最好的葡萄园和最佳年份的葡萄酿造而成。年份波特酒酿造好后,需在旧的大木桶中陈酿2年,装瓶后又至少熟成10年以上才可上市,其酒液颜色通常为深黄棕色,果味微妙,

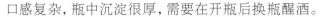

口感复杂,瓶中沉淀很厚,需要在开瓶后换瓶醒酒。

2. 雪莉酒

雪莉酒是来自西班牙赫雷斯小镇的加强酒,被誉为"装进瓶子里的西班牙阳光"。雪莉酒的酿造工艺复杂,口味独特,分类繁多。

赫雷斯产区只种植三个葡萄品种:帕诺米诺(Palomino)、亚历山大麝香(Muscat)和佩赛罗—西门内(简称PX)。其中帕诺米诺是最传统的葡萄品种,大约占总葡萄园面积的95%。PX和亚历山大麝香主要用于优质甜型雪莉酒的生产,其糖分含量和酸度都很高,通常PX葡萄在酿造甜型雪莉酒之前需要晒干以提高含糖量。

干型的雪莉酒有两种风格:生物陈年的菲诺雪莉(Fino,酒体较轻)和氧化陈年的欧洛罗索雪莉(Oloroso,酒体更加饱满,风味物质更加丰富)。如果酿酒师打算酿造菲诺雪莉,在发酵完成后添加酒精时,只要酒精度达到15%,这一过程就会被终止,接下来静待酒花形成(见第Ⅴ页图⑦);而酿造欧洛罗索雪莉时,酒精则会一直添加到18%。

由于菲诺雪莉的酒精含量较低,会滋生一层由酵母形成的白膜,这层白膜被人们称作酒花(Flor)。酒花无疑是雪莉酒酿造过程中最神奇的一部分,它既能有效地防止葡萄酒氧化,使葡萄酒保持明亮的颜色,并带给菲诺雪莉如黄酒般的香气,同时由于酒花的存在,又能隔绝桶中酒液同空气的直接接触。这种独特的葡萄酒陈年方式被称为生物陈年。

而欧洛罗索雪莉则由于酒精含量过高,无法滋生出酒花而部分被氧化,因此酿造出的酒液比菲诺雪莉颜色更深、酒体更加饱满、风味物质更加丰富。这种陈年方式被称为氧化陈年。

另外还有更为复杂的、同时具备生物陈年和氧化陈年风格的阿蒙提拉多(Amontillado)和帕罗考塔多(Palo Cortado)干型雪莉葡萄酒。

雪莉酒需要在索莱拉系统(Solera)中进行熟化。索莱拉系统本质上是指雪莉酒加强之后,将不同年份的雪莉酒混合陈酿的过程。在索莱拉系统中,所有的酒桶会根据年份层层叠放,最底层是年份最老的雪莉酒,最上面则是最为年轻的雪莉酒,每年会从最底部的酒桶中抽取部分酒液用于装瓶和销售,再从上一层的酒桶中抽取相应比例的酒液进行补充。最上层的酒桶则使用最年轻的雪莉酒进行补充。较年轻的雪莉酒与年份较老的雪莉酒不断进行混合陈酿,使得出产的雪莉酒中都包含了一定比例的该系统中年份最老的雪莉酒。索莱拉系统不仅赋予了雪莉酒老酒的特征,还保证了葡萄酒品质和风格的稳定性和连续性。

雪莉酒可以分为干型雪莉酒、自然甜型雪莉酒和加甜型雪莉酒三个种类。

干型雪莉酒　分为菲诺、欧洛罗索、阿蒙提拉多和帕罗考塔多四个品种，均采用帕诺米诺葡萄（见第Ⅱ页图④）酿制而成，通过索莱拉系统的生物陈年、氧化陈年或两者兼有的方式，酿制出最著名的雪莉葡萄酒。

自然甜型雪莉　按照葡萄品种的不同可以分为以佩赛罗—西门内酿制的佩赛罗—西门内（PX）自然甜型雪莉酒，和采用亚历山大麝香酿制的麝香葡萄酒。

加甜型雪莉　被称为Pale Cream，发明于1970年代，采用菲诺雪莉和甜型的精馏浓缩过的葡萄汁（RCGM）调配而成。

3. 马德拉酒

马德拉（Madeira）是世界著名的加强型葡萄酒，被称为"不死之酒"——最好的马德拉加强酒据说可以保存300年之久。

马德拉岛位于葡萄牙西南方向的大西洋中，历史上曾是商业航海非常重要的物资供应站。也正因如此，该岛酿制的葡萄酒得到了广泛的出口。然而，在热带海洋上的长期旅程，使得海员们必须在葡萄酒中加入白兰地才能防止酒品的腐烂，而马德拉酒正是这样产生的。

马德拉葡萄酒的酿酒原料以四个"贵族"品种为主，即舍西亚尔（Sercial）、华帝露（Verdelho）、布尔（Bual）和马姆齐（Malmsey）。在酿造好的葡萄酒中加入白兰地，并通过直接加热葡萄酒（称为Estufa）而成。而传统的方法是将木桶置于温暖酒室或屋顶，凭借阳光将自然热量传递（称为Canteiro）加热而成。传统方法所需时间较长，一般只用于加热高端马德拉酒。

【延伸阅读】

英国人与波特酒

英国作家伊夫林·沃（Evelyn Waug）曾说："波特酒不适合年轻人喝，他们过于稚嫩和活跃。波特酒是岁月的恩赐，是慰藉学者和智者的灵魂饮料。"而在所有的波特酒类型中，英国人对年份波特最为痴迷。但要喝到老的年份波特酒是非常费功夫的，需要用醒酒瓶过滤掉厚厚的块状沉淀物后才能尽情享用。

波特酒的斟酒一般是从主人开始，每个人都为自己右侧的宾客斟酒，然后再递到自己左侧的宾客的右手中，依此类推，直至顺时针一圈转完，最后传回主人的位置。据说，这一仪式源自皇家海军，传统意义上弥撒晚宴的效忠酒都是一杯波特。由于大多数人都是右撇子，手握酒器便可以占据住军官们握剑的右手，以此表明这是一场和平无隙的友好饭局。

波特醒酒瓶的特别之处在于其底座浑圆，无法在桌面上直立，只有主人旁边才有一个搁置酒器的木底座，其他客人倒完酒，只能再传递下去。这种圆底设计巧妙地避免了宾客将瓶子"忘记"在手边，酒瓶便不至于被某一宾客长时间占据着。

（文章来源：知味葡萄酒）

【课后练习】

一、判断题

1. PX属于干型雪莉酒，适合饭后饮用。　　　　　　　　　（　　）

2. 加强型葡萄酒其实就是加入了蒸馏烈酒（如白兰地）的葡萄酒。（　　）

3. 马德拉酒产于太平洋的岛屿上。　　　　　　　　　　　（　　）

二、实践练习

对带有沉淀物的年份波特酒进行侍酒服务。

项目四
起泡酒与
加强酒

活动4　加强酒餐酒搭配

【学习目标】

1. 了解波特酒餐酒的配搭。
2. 了解雪莉酒餐酒的配搭。

【情景模拟】

一个葡萄牙餐酒搭配晚宴上。

小马："咦，波特酒如此高糖分的酒来搭配最后的那道甜品还真是恰到好处。"

李经理："加强酒的配餐知识能处处给你不同的惊喜呢。"

小马："那像菲诺雪莉酒这种风味这么独特的酒怎么配餐呢？"

李经理："我来给你讲讲加强酒的一些基本餐酒搭配吧。"

波特酒和雪莉酒都是世界上广受欢迎的加强型葡萄酒。波特酒是葡萄牙的国酒，被称为"加强酒皇帝"。雪莉酒则是西班牙的国酒，被大文豪莎士比亚称为"装在瓶子里的西班牙阳光"。让我们一起去领略这些加强酒的配餐魅力吧。

【相关知识】

一、波特酒餐酒搭配

波特酒通常用红葡萄品种酿造，无论哪种类型，都具有丰富、浓郁、持久的香气和风味特征，其酒精含量也高于普通的葡萄酒，通常为18度左右。也就是说，波特酒同时具有甜度、单宁和酒精度，可以跟巧克力、坚果等进行搭配。接下来介绍几种波特酒的配餐。

1. 白波特酒餐酒搭配

年轻的白波特酒通常可作为开胃酒，老年份的白波特酒则是经过了很长的陈酿过程，风味浓郁，可以作为餐后酒饮用。白波特酒可用以搭配橄榄、坚果、咸杏仁、烟熏三文鱼、贝类、寿司、芝士、橄榄、熟食、草莓天使蛋糕、柠檬蛋白派和草莓白巧克力等美食。

2. 宝石红波特酒餐酒搭配

宝石红波特酒是一种年轻的葡萄酒，拥有红色浆果的风味，适合搭配口味较轻的蓝纹乳酪、酸樱桃派等甜品。

3. 茶色波特酒餐酒搭配

茶色波特酒有着黄油、核桃、太妃糖、巧克力、焦糖等氧化性风味，适合搭配带有坚果的食物，如核桃派、意大利杏仁饼干、葡萄牙咸杏仁蛋糕和焦糖奶酪蛋糕等。此外，与德国巧克力蛋糕、肉桂苹果派、法式焦糖炖蛋、椰子奶油派、烟熏切达奶酪等一同享用，也十分美味。

4. 晚装瓶波特酒餐酒搭配

传统晚装瓶波特酒可以搭配口感浓重的蓝纹乳酪、黑巧克力和核桃。

5. 年份波特酒餐酒搭配

年份波特酒可以在年轻时饮用，也可以窖藏多年后再饮用。年份波特酒在窖藏后风味更佳，香气由年轻时的红色水果、黑色水果和香料风味发展成为植物味以及皮革、湿树叶、咖啡等味道。

对于一瓶老年份的优质波特酒，净饮是最佳选择。当然，它也适合与蓝纹奶酪、黑巧克力、无花果和核桃搭配饮用。

二、雪莉酒餐酒搭配

作为世界上最有名的加强型葡萄酒之一，许多葡萄酒爱好者颇为喜爱饮用雪莉酒。雪莉酒经过特殊的生物熟成或氧化熟成方式，使得它的配餐既不同于一般的葡萄酒，也不同于波特酒。

1. 菲诺雪莉酒餐酒搭配

菲诺雪莉是干型葡萄酒，酒体轻盈，风格优雅，拥有新鲜的柑橘果味和杏仁的味道。由于口感清爽，菲诺雪莉酒较适合作为餐前开胃酒，需冰镇到 6~8℃ 饮用，而且开瓶后应立即饮用完毕。适合搭配海鲜、鱼肉、蔬菜、口感清淡的奶酪、干腌食品甚至是微辣菜肴。经典的搭配为西班牙传统的餐前小吃塔帕斯。

2. 阿蒙提拉多雪莉酒餐酒搭配

阿蒙提拉多雪莉酒属于干型葡萄酒, 酒体偏中等, 口感比菲诺雪莉酒更为复杂, 有浓郁的坚果味。也正因如此, 所以适合与坚果食品搭配。同时, 阿蒙提拉多雪莉酒也适合搭配味道稍浓郁的菜肴, 如烟熏鱼肉、野味、鸡肉、动物内脏以及口感稍重的奶酪等。

3. 帕罗考塔多雪莉酒餐酒搭配

帕罗考塔多雪莉酒是一种非常精致的雪莉酒, 且非常稀有。它兼具酒花和氧化的香气, 口感精致, 酒体比阿蒙提拉多雪莉酒更饱满一些。可以搭配一些口感稍重、味道精致的菜肴, 如烤肉、汤和炖肉。

4. 欧洛罗索雪莉酒餐酒搭配

欧洛罗索雪莉酒是干型的风格, 酒体饱满, 其口感并没有菲诺雪莉酒那么精致, 而是更粗糙、丰富一些, 风格更粗犷一些, 有浓郁集中的坚果香气和干果味道。适合坐在壁炉前, 配上一碟核桃, 伴着一本好书, 慢慢品饮。此外, 它也适合搭配肉类和陈年硬质奶酪。

5. 佩赛罗—西门内雪莉酒餐酒搭配

佩赛罗—西门内雪莉酒体饱满, 风味浓郁, 口感甜蜜, 有无花果、果脯和葡萄干的味道。甜型的 PX 雪莉酒可以搭配的食物有很多, 如口感清淡的甜品、巧克力、带咸味的蓝纹奶酪和微辣菜肴等。

6. 麝香葡萄雪莉酒餐酒搭配

麝香葡萄雪莉酒是用麝香葡萄风干酿成的另一种天然甜型雪莉酒。不过, 这种雪莉酒在市面上非常少见。麝香雪莉酒与 PX 雪莉酒的甜度相近, 甚至更甜, 其配餐也和 PX 雪莉酒相似, 可搭配甜品、咸味食物和辣味菜肴等。

7. 浅色奶油雪莉酒餐酒搭配

在菲诺雪莉酒中添加入浓缩葡萄汁, 就成了浅色奶油雪莉酒。这种雪莉酒的口感与菲诺雪莉酒相似, 只不过是甜型的。适合搭配水果拼盘, 新鲜水果的清香能与之形成完美的配搭。

8. 奶油雪莉酒餐酒搭配

奶油雪莉酒酒体丰富, 香气浓郁, 入口甜美圆润。适合搭配奶酪蛋糕。

【延伸阅读】

<h2 style="text-align:center">在太空上喝葡萄酒</h2>

查尔斯·布兰德曾受命为美国的"阿波罗计划"挑选食物以及葡萄酒。他要寻找的葡萄酒需要满足以下条件：在恶劣太空环境下不容易变坏，且在重新包装后仍能保持酒本身的风味。经过研究后，他和来自加州大学的研究者们选择了雪莉酒。因为雪莉酒是加强酒，拥有稳定的性质，即使重新包装后也能保持其风味。这些雪莉酒被装入一个个内嵌吸管的塑料袋里面，宇航员在太空中就能通过吸管来品尝美酒。

【课后练习】

请你为客户挑选几款加强酒作为餐前及餐后饮用酒，并说明选择的原因。

模块二

我是侍酒师助理

活动1 认识葡萄酒杯

【学习目标】

1. 认识各种葡萄酒杯的名称。
2. 掌握使用葡萄酒杯品鉴葡萄酒的方法。

【情景模拟】

李经理正与小马一起品鉴葡萄酒。

李经理："小马，葡萄酒有这么多品种，你觉得我们在喝葡萄酒的时候应该怎么选择杯型？"

小马："一般来说，需要选收口的酒杯才能够更好的凝聚葡萄酒的香气吧。"

李经理："对，但你还说的不够全面，其实我们还可以根据葡萄酒的特性去挑选不同的杯型，选对了杯型才能更好地品尝到葡萄酒原本的口感。"

小马："看来酒杯的知识也很广啊。"

酒评家罗伯特·帕克曾说："要鉴赏美酒的绝妙个性与风味，拥有一个可以完美契合酒质的酒杯是绝对必要的。酒杯的造型、容量、杯口的直径、杯缘吹制的处理以及杯壁的厚度，决定了酒入口时的最先接触点，当酒的流向被引导至最适当的味觉感应区时，将激发出最高境界的味蕾感受。"

可见在复杂程度上，葡萄酒杯是丝毫不亚于葡萄酒品种的。现在市面上的葡萄酒杯型已经不仅仅只有最基本的几种，还有根据不同葡萄酒的特性而设计出来的酒杯。接下来我们要去了解承载葡萄酒的器具——各类葡萄酒杯的魅力。

【相关知识】

一、葡萄酒杯的分类

一般来说，葡萄酒杯由四个部分组成，最上方称为杯缘（Rim）、中间部分称为杯体（Bowl）、下面是杯脚（Stem）和杯底（Base），如图所示。

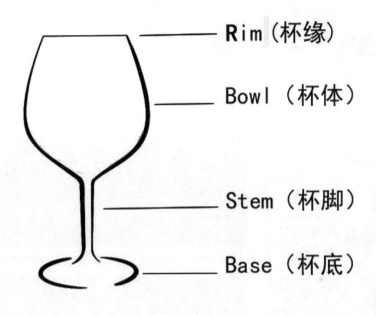

Rim（杯缘）

Bowl（杯体）

Stem（杯脚）

Base（杯底）

葡萄酒的基本杯型

目前市场上的葡萄酒杯有很多不同的种类，可以按杯子制作工艺、酒杯材质和功能等分类如下：

按制作工艺分类　可分为机器制作酒杯、半机器半手工制作酒杯、全手工制作酒杯。其中，全手工制作的水晶玻璃酒杯价格最为昂贵。

按材质分类　可分为水晶玻璃酒杯、无铅水晶玻璃酒杯、普通玻璃酒杯。

按功能分类　葡萄酒杯按功能分类，可以分为香槟杯、红酒杯、白葡萄酒杯、甜酒杯、白兰地杯以及醒酒器等。

不同种类的葡萄酒杯各自有着独特的杯形，但这不会改变酒本身的品质，只是可以突显酒本身的风格。因为舌头的不同位置所感受到的味道是不同的，例如舌根后方主要感受苦涩，舌头两侧主要感受酸味，而舌尖和舌头前部则主要感受甜味。所以不同形状的酒杯配合不同品种的葡萄酒，可以让品赏者的感受更好。（见第VII页图①—③）

杯身

杯柄

杯脚/杯托

标准杯　笛型杯　郁金香型杯　酷派香槟杯　大酒杯　平底无脚酒杯

红葡萄酒

勃艮第杯　黑皮诺杯　大波尔多杯　赤霞珠酒杯　标准红葡萄酒酒杯

白葡萄酒

白葡萄酒酒杯　霞多丽酒杯

甜酒

波特酒杯　马德拉甜白酒杯　甜葡萄酒标准杯　雪利酒杯　苏玳甜白酒杯

起泡酒

年份起泡酒酒杯　郁金香型酒杯　笛型酒杯

杂类葡萄酒

阿尔萨斯酒杯　大酒杯　平底无脚酒杯

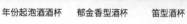

各种类型的酒杯

1. 波尔多杯

波尔多杯的杯口锥度比较小，杯壁是直上直下的，是标准的葡萄酒杯。这种杯型在饮用葡萄酒时可以留住大部分的酒香，适合用来品酒。通常风味简单一点的波尔多混酿、赤霞珠、梅洛等红葡萄酒，以及清新而富含果香的雷司令等白葡萄酒可以选择该杯型品饮。

2. 勃艮第杯

勃艮第杯的杯体比波尔多杯宽，稍浅一点，直径更大一点，杯壁逐渐收缩，有利于更好地凝聚香气。酒香细腻华丽的勃艮第地区的黑皮诺干红或者陈年干白，比较适合使用该杯型品饮。

3. 白葡萄酒杯

白葡萄酒杯容量较小，大概在200～500ml，杯肚和杯口都较小，容易聚集酒的香气，不让香气消散得太快，且可以减少酒体和空气接触，保持低温状态，体现白葡萄酒特有的风格。

4. 甜葡萄酒酒杯

品甜酒最好选择杯口像花瓣一样打开的酒杯，这样，饮酒时便可以让酒液直接流向位于舌尖的甜味区。

5. 香槟杯

香槟杯容量较小，摆放平稳的狭长杯形能帮助气泡稳定而缓慢地上升，同时也让香槟的香气有效地集中。

6. ISO国际标准葡萄酒测试杯

1974年，国际标准化组织设计了一种适合品赏所有种类葡萄酒的酒杯，被称为"ISO国际标准葡萄酒测试杯"，简称ISO品酒杯。ISO品酒杯体现了一只合适的高脚杯的起码标准：无色、无花纹、无装饰的杯身便于观察葡萄酒的颜色；细长的杯茎方便旋转酒杯、加速酒香的释放，同时也可避免因手握杯壁而使酒温升高；较深的杯身可确保旋转酒杯时酒液不会溅出，同时也可为酒香留下对流和集中的空间；收窄的杯口有利于聚集酒香，并可将酒液导入舌面的最佳位置。

7. 白兰地杯

一种杯口小、腹部宽大的矮脚酒杯。白兰地杯的实际容量虽然很大（240～300毫升），但倒入酒量不宜过多，一般为30毫升左右，以杯子横放、酒在杯腹中不溢出为宜。

饮用时常用中指和无名指的指根夹住杯柄，让手温传入杯内使酒略暖，从而增加白兰地的芳香散发。

二、如何用葡萄酒杯品鉴葡萄酒

了解完这么多杯型，问题就来了：为什么葡萄酒杯要有这么多讲究？我们来了解一下其中的奥秘：喝酒的时候，我们需要先观察酒的颜色，闻葡萄酒的香气，最后再细细品尝，所以酒杯也应该在这三步上能完美地呈现葡萄酒的特质。

观：我们需要清晰地看到葡萄酒原本的色泽，所以葡萄酒酒杯的材质应该光滑透明。

闻：我们要让葡萄酒的香气不那么快地散发完全，需要让它在杯中凝聚、停留，所以葡萄酒杯应该是锥形收口的。

品：由于葡萄酒在口腔中的扩散方式的不同，也会导致其味道发生差异，所以我们需要葡萄酒的杯身呈弧线型，形如郁金香，以便杯壁的弧度可以有效地调节酒液在入口时的扩散方向。

三、葡萄酒杯的持杯方法

为了保证观、闻、品的过程不被我们的手所影响，因此有了高脚杯的设计。这种设计不仅可以避免杯肚上的指纹影响酒体颜色的观察，还可以避免体温影响到酒温——因为葡萄酒对温度极其敏感，而这种设计便于我们捏住高脚杯的脚或底部，这样就不会因为手部温度而给葡萄酒带来味觉上的破坏。

1. 正确的持杯方式

首先将杯脚置于拇指和食指之间，其他手指自然放置即可。这种持杯方式基于以下三点需要：第一是品鉴需要，最基本的品鉴步骤就包括观、闻、品三部曲，手持杯脚处更容易实施品鉴操作；第二则是温度需要，这样可以避免将酒液捂热（因为人的体温有37度，远高于葡萄酒的适饮温度），从而让葡萄酒更长时间地处于适饮温度下；第三则是社交需要，握杯脚不会导致杯壁上留下手印，影响雅观。

2. 白兰地杯的持杯方式

白兰地杯之所以设计成矮脚，就是为了方便用手掌包住杯身，让手掌的温度温暖酒液，从而让香气更好地散发出来。

3. 威士忌杯的持杯方式

常见的威士忌杯有格兰凯恩杯、郁金香闻香杯、平底无脚酒杯及纯净杯。通常，前两者适宜专业闻香和品鉴时使用，因此可以通过握杯底来观色或闻香；平底无脚酒杯常用来盛放加冰的威士忌，所以和平时喝水一样持杯即可；而纯净杯多用于珍稀或年老威士忌的品尝。

【延伸阅读】

最"公正"的酒杯——ISO杯

在ISO酒杯出现以前，一瓶葡萄酒的好坏要经历比较多的争论和反复的确认。品酒的人会按照自己的喜好或者饮酒习惯来挑选喝酒的酒杯。当酒杯承载着适合其杯型的酒液时，它是完美的，但如果做不到这点，则它们便不能全面地展现葡萄酒原本的风味。

ISO 酒杯

也有人提出，可以让所有的品酒人都用同一款酒杯来品赏，以判断这款酒的优劣。可是，不同造型的酒杯对不同葡萄酒的特点的呈现还是有差别的，一旦有其他人选用了其他的酒杯，那么这款葡萄酒的好坏优劣又将再度成为争议的话题。因此，ISO酒杯的出现可谓是民心所向。

ISO酒杯是由包括世界知名葡萄酒大师迈克尔·布罗德本特在内的专业葡萄酒品鉴小组提议，委托法国INAO（国家产地命名委员会）设计的。该酒杯于1974年正式面世，现在已广泛用于各项国际品酒活动。

ISO酒杯的容量通常是215ml左右，也有410ml、300ml和120ml（专用于品尝雪莉酒）等不同规格，适用于品尝任何种类的葡萄酒。

【课后练习】

判断题

1. 喝香槟时可以使用红酒杯，以便更清楚地观察气泡的情况。（   ）

2. 喝红酒的时候应该握住杯壁才会更稳。（   ）

3. ISO杯可以相对公正地表现出大部分葡萄酒本身的特性。（   ）

活动2　擦拭葡萄酒杯

【学习目标】

1. 了解擦拭葡萄酒杯的工具。

2. 掌握普通酒杯、微脏酒杯、宴会和酒会酒杯的不同清洗和擦拭方式。

【情景模拟】

侍酒师助理小马正在清洗着葡萄酒杯。

李经理:"小马,你知道如何清洗和擦拭不同的葡萄酒杯吗?"

小马:"洗不同杯型还有不同要求的吗?"

李经理:"当然。我来给你示范一下吧。"

葡萄酒杯就好比绿叶,衬托出葡萄酒的宝石般光泽。不同品种的葡萄酒在选择和使用葡萄酒杯的时候有很多讲究。但无论是什么类型的葡萄酒杯,干净、明亮、无杂质、无异味,永远是葡萄酒品鉴时对器皿提出的最基本要求。

下面,我们以侍酒师助理的身份,一起来学习关于葡萄酒杯的那些知识吧。

【相关知识】

一、工具的准备

在擦拭葡萄酒杯之前,必须准备好以下的工具。

1. 干爽清洁的餐巾

应选择不掉毛的优质餐巾,并把它们分别折叠成正方形和长方形。

2. 耐热容器

耐热容器最好选择不锈钢冰桶等,并在容器内盛八分满开水。注意安全,小心烫伤。

3. 其他设备

如清洗酒杯的刷子等。

二、清洗和擦拭

1. 普通酒杯的清洗方式

● 在清洗酒杯前，最好先准备两盆清水，第一盆用于第一轮清洗酒杯，第二盆则用来涤净酒杯。酒杯用杯刷经过两次清洗后，倒挂沥干水分。

● 准备两条干净的餐巾，将它们分别折叠成正方形和长方形。

● 握着葡萄酒杯底部，杯口对准装满热水的耐热容器，倾斜约75度，以便让水蒸气进入杯体中。左手用正方形餐巾握着葡萄酒杯底部，右手把长方形餐巾塞进酒杯中，然后以两手交叉旋转的方式进行擦拭，直到杯子里的水蒸气完全擦干，杯子干净透明。

● 将杯子放置在灯光下照射，查看是否还有污渍停留在杯子上。

2. 较脏酒杯的清洗方式

● 一只手握住酒杯放入第一盆清水中，另一只手拿着浸泡着洗涤剂的海绵，自里而外擦洗酒杯。在清洗酒杯时，要是碰到杯口留有唇膏的污迹或油迹，需重点擦洗干净。此外，酒液浸泡过的杯底及其周边都应是重点清洗的部位。

● 重点擦洗酒杯边缘及杯身外部的手指印。

● 将酒杯放在第二盆清水中涤净。

● 使用餐巾擦干酒杯，并擦干净可能残留在杯身上的水渍及手指印。

这种酒杯清洗方法，既快速，又干净，能让曾沾染鲜红酒液的高脚杯焕然一新，闪烁晶莹透亮的光泽。

3. 宴会和酒会酒杯的清洗方式

大型宴会或酒会结束后，会有大量的酒杯需要清洗，在这种情况下，清洗的步骤就多了几个。（见第VII页图⑦—⑧）

● 预先冲洗：先将杯子中残余的酒水倒出，用清水进行简单冲洗；

● 浸泡：在水槽中倒入清洁杯子的洗涤剂，将杯子浸泡数分钟，随后用杯刷等工具仔细将污渍处擦净，特别是杯口处。

● 消毒：将杯子放入专门的消毒柜中进行消毒。

以上程序完成后，要将杯子中的水用餐巾擦干，放入杯筐中，以便下次使用。杯筐是用来存放各类酒杯的塑料筐，它能够起到保护杯子的作用。不仅如此，它还能节约空间，方便搬运。

【延伸阅读】

葡萄酒的饮用顺序

在酒会或宴会中，各类葡萄酒的饮用应遵循怎样的顺序？请参考以下原则：

1. 从白葡萄酒到红葡萄酒；

2. 从口感简单的葡萄酒到口感复杂的葡萄酒；

3. 从酒精度数低的葡萄酒到酒精度数高的葡萄酒；

4. 从一般的葡萄酒到高档昂贵的葡萄酒。

【课后练习】

1. 清洗葡萄酒杯的时候，容器中的开水应盛至（ ）分满。

   A. 五　　B. 六　　C. 七　　D. 八

2. 请将普通酒杯的清洗方式完整地演示一次。

项目二 葡萄酒的 定价与库存

活动1 葡萄酒定价与品鉴

【学习目标】

1. 了解影响葡萄酒定价的因素。

2. 了解常见葡萄酒的价格。

3. 掌握葡萄酒品鉴的标准。

4. 掌握葡萄酒的香气类型。

【情景模拟】

李经理正在进行酒水知识的培训课。

李经理："我们前面讲过，葡萄酒可以按照颜色、甜度、发酵方式等分成好几个种类。你们还记得吗？"

小马："葡萄酒按颜色分可以分为红、白和桃红葡萄酒。"

小李："按甜度分可以分为干型、甜型和半甜型。"

小麦："按是否含二氧化碳可以分为起泡和不起泡两类。"

李经理："大家都掌握得非常不错！那么，今天我们就对照酒单从价格方面入手来了解葡萄酒。"

下面，我们一起来学习了解不同葡萄酒的定价策略及其品鉴标准。

【相关知识】

一、影响葡萄酒定价的因素

葡萄酒的价格是综合多方因素评定而得出的，这些因素一般可以归结为以下几方面：

1. 品质

几乎所有的进口葡萄酒都有等级高低的划分。如从法国进口的葡萄酒可以分为AOC、IGP和VDF三个级别。通常情况下，AOC级别的葡萄酒会比IGP级别的葡萄酒贵，而VDF级别的葡萄酒相对便宜。如一瓶法国南部IGP级别的葡萄酒，其零售价大约在150元左右，而VDF级别的葡萄酒则仅需几十元即可。

2. 品牌

作为知名品牌的名庄酒的价格一般都是不菲的。如拉菲旗下的系列品牌拉菲传奇AOC、拉菲传说波尔多AOC，都比其他非知名酒庄的同类酒贵一些。

3. 年份

葡萄酒的年份指的是酿酒葡萄采摘的年份，葡萄酒是否受年份的影响是因地而异的。例如波尔多产区的葡萄酒受每年天气影响的情况就比较突出，如2013年雨水过多，年份不怎么好，而2015、2016年则是非常好的年份。但是，只有高品质葡萄酒谈及年份才有意义。普通的餐酒大多无所谓好年份及坏年份的区别，价格每年都基本稳定。

4. 陈年潜力

葡萄酒的陈年能力对收藏爱好者来说极其重要，但是，只有不到5%的葡萄酒有十年以上的陈年能力，如勃艮第特级园和一级园、波尔多列级酒庄、美国纳帕谷顶级葡萄酒等等。比起一般葡萄酒来说，具备陈年能力的葡萄酒价格会昂贵很多。

5. 市场供求

当市场供不应求时，物价上涨；供过于求时，物价下降。同理，在葡萄收成不好的年份，葡萄酒供应量减少，则该年份的葡萄酒价格会比平时高。

6. 葡萄酒产区

葡萄酒产区也是个相当重要的因素。例如，作为国际知名产区，波尔多所生产的红葡萄酒整体价格就比其他产区高。正常来说，AOC上注明的产区越小，酒的质量就会越好，价格当然也就越贵了，例如波亚克村出产的葡萄酒，总是比梅多克产区出产的葡萄酒来得贵。

7. 酿造成本

部分采用工业化生产的葡萄酒公司，由于其葡萄酒在不锈钢桶中发酵完成后立即装瓶出售，故价格相对便宜。而精品手工酒庄的葡萄酒的价格却因为受到酿酒各环节成本的影响，如增加橡木桶陈年等方式，使得成本提升，导致价格更高。

8. 营销模式

营销模式决定了酒庄资金投入的大小、葡萄品种及栽培方式的选择、酿造成本的高低及目标市场的定位等等。是多产低价,还是低产高价? 是直接销售,还是寻求经销商或代理商? 对不同策略的选择,都会影响葡萄酒零售的价格。

二、常见葡萄酒的价格

对于一些常见的葡萄酒产区的葡萄酒,零售价格一般可以分为100元以下、100～300元、300～800元,以及800元以上几个区间。下面列出一些主要葡萄酒类型的价格。

1. 零售价100元以下的葡萄酒

欧盟餐酒(VCE)是欧洲最低级别的酒,合理的零售价格在50元左右。

法国餐酒(VDF)、德国圣母之乳半甜白、西班牙VDM、澳洲东南澳等级别的葡萄酒。这些类别的葡萄酒由于自身等级不高、质量一般,价格相对较低,零售价多在100元以内。

2. 零售价100～300元的葡萄酒

部分法国IGP或意大利IGT级别的葡萄酒,零售价在100元左右。但需要注意的是,意大利托斯卡纳酿造的IGT级别的超级托斯卡纳价格昂贵,不在这个范围内。

部分非知名产区AOC大区级葡萄酒,一般零售在150元以内,如法国南部朗多克—鲁西荣产区的AOC级葡萄酒。

知名产区AOC大区级别葡萄酒,零售价则在150～200元,如法国波尔多AOC大区级葡萄酒、意大利奇昂第葡萄酒、澳洲南澳葡萄酒、德国珍藏和晚收级别白葡萄酒、里奥哈陈酿级别葡萄酒。

顶级产区AOC大区级别葡萄酒和知名产区AOC次产区葡萄酒,一般在零售价200～300元。如法国勃艮第AOC大区级葡萄酒、波尔多梅多克产区AOC、右岸圣爱美隆产区AOC葡萄酒、意大利经典奇昂第葡萄酒及德国精选级别白葡萄酒。此外,新西兰部分中低端葡萄酒零售价格一般也在200～300元。

3. 零售价300～800元的葡萄酒

顶级产区AOC村庄级别葡萄酒及知名产区AOC村庄级别葡萄酒,一般零售价在300～600元,如波尔多波亚克村级葡萄酒、勃艮第波马村级葡萄酒、里奥哈珍藏级别葡萄酒、美国纳帕谷葡萄酒、澳洲巴罗萨谷葡萄酒。

部分波尔多列级庄、勃艮第一级园及部分新世界国家优秀葡萄酒零售价在500～800元。

4. 零售价800元以上

波尔多顶级列级庄、勃艮第特级园和优秀一级园及新世界国家的顶级酒款,均属于这个价位的葡萄酒,部分老年份名庄最高拍卖价格可达上百万元。

三、葡萄酒BLIC品鉴标准

除了知道葡萄酒的价格标准以外,作为侍酒师助理,还必须学会品鉴一款葡萄酒。在品鉴中,有四个标准可以判别一款葡萄酒是否优秀,即我们通常所说的BLIC品鉴标准:平衡(Balance),余味(Length),浓郁度(Intensity),Complexity(复杂度)。

平衡 指的是葡萄酒的各种元素都完美融合在一款酒中,没有任何一种元素表现得过于突出,超过整体。例如一款红葡萄酒,虽然酒精度很高,但由于它有着重酒体、高酸度和高单宁,各个部分完美地组合在一起,不会有任何一个成分比较突出。又如在白葡萄酒中,也讲究果味与酸度的平衡,酸度太低,酒会给人以庸肿、笨拙的感觉,而果味太低,酒显得空洞、平淡。

余味 葡萄酒咽下后,如果口腔里还能感觉到有味道,那就说明该款酒有"余味"。通常一款酒的余味越长,这款酒的质量也就越高,当然价格也越贵。

复杂度 复杂度指的是葡萄酒里面所含有的味道层次丰富。葡萄酒的主要味道是果味,它来自于葡萄本身的气味。但是随着葡萄酒的桶中和瓶中陈年,会演变出香草、雪茄、烟草、烟熏、咖啡、焦糖、皮革、泥土、蘑菇等等气味。一款葡萄酒如果能同时拥有三四种味道,就被认为是具备良好品质的酒款。一款品质出色的葡萄酒,可能会同时拥有十几种以上的味道,香气丰富并且富有层次。

浓郁度 浓郁度由酿酒葡萄品种和酿造工艺共同决定。葡萄酒香气与风味的复杂性,是决定一款葡萄酒是否浓郁的标准。

四、葡萄酒的香气

在葡萄酒的品鉴中,香气是一个很重要的判别标准,下面我们一起来了解葡萄酒的各类香气。

1. 一类香气

一类香气又被称为品种香气,不同的葡萄品种会有着自身独有的香气。

红葡萄酒常见香气 黑色水果和红色水果是红葡萄酒常见的一类香气。黑色水果香气常见于赤霞珠和西拉等葡萄酒,在最成熟的葡萄酒中会发展为果酱的香气。红色水果香气是甜美的代名词,如樱桃、覆盆子和草莓等,其香气可令人顿感愉悦,常见于梅洛和黑皮诺葡萄品种中。除了果香,一些葡萄酒还散发出花朵的芬芳,通常表现为紫罗兰和玫瑰的幽香,也含有香料的味道。后者的香气更加微妙,如形影不分的西拉和歌海娜分别以胡椒和甘草、肉桂的辛香见长，甜香料香气则广泛存在于各种甜美优雅的红葡萄酒中。

白葡萄酒常见香气　根据产区的气候从凉爽到温和的不同，白葡萄酒香气的特点也从柑橘类水果逐渐变化为桃子和杏子，部分白葡萄酒带有白色花朵的清香。

2. 二类香气

二类香气又被称为发酵香气。这类香气一般是由橡木桶带来的。橡木桶想必是最为人所知的酿造设备，葡萄酒沉睡于新橡木桶中的漫长岁月，为它获得了恬静优雅的香气。随着橡木桶烘烤程度的加深，香气由活泼的香草和烤面包变幻为深沉的咖啡和烟熏。而美国橡木桶则能带来独特的椰子香气。

对于白葡萄酒，酒泥接触是常见的酿造工艺之一，即在发酵结束后，葡萄酒与酒泥酵母接触一段时间，酵母自身分解所得的物质会赋予葡萄酒醇香的味道，这些气味常让人联想到发酵过的面食。

3. 三类香气

三类香气是陈酿带来的香气。陈年的红葡萄酒带给人美味的荤食体验，散发出皮革和肉类等动物香气，植物性气息也由年轻时的草本植物味发展为菌类和木材的香气。

白葡萄酒的陈年香气甜蜜浓厚，常表现为蜂蜜、坚果和焦糖的气息。汽油味是陈年雷司令的特点，听似怪异，闻起来却别有一番风味。

【延伸阅读】

葡萄酒与食物的搭配

食物与葡萄酒的搭配原则中有这么一条："一个国家的食物与该国的葡萄酒是最佳搭配。"这句话适用在土特产食物上。例如，意大利式熏肉或者意大利面的最佳搭配就是以意大利原生葡萄品种内比奥洛酿成的巴罗洛葡萄酒，以及以桑娇维塞酿成的基安蒂葡萄酒。在法国，小羊肉料理与波尔多梅多克地区的葡萄酒非常搭配，红酒焖牛肉和鸡肉料理则要搭配以勃艮第地区的黑皮诺葡萄酒。此外勃艮第地区的蜗牛料理一般都会搭配勃艮第夏布利白葡萄酒。

美国人最喜欢吃的热狗最好以金粉黛品种酿成的葡萄酒相搭配。

西班牙式炒饭Paella与Tapas、西班牙午餐肉和西班牙香肠等食物则与以西班牙原产葡萄酒种丹魄酿造的葡萄酒极为般配。

...

【**课后练习**】

    1. 请判别以下这些香气，分别属于哪种香气类型。

      A. 黑樱桃   B. 紫罗兰   C. 黑胡椒   D. 皮革

      E. 椰子   F. 草莓   G. 蜂蜜

    2. 请应用BLIC方法对葡萄酒进行品鉴。

活动2　葡萄酒的库存

【学习目标】

1. 掌握葡萄酒库存的方法。

2. 了解瓶塞的种类以及特点。

【情景模拟】

侍酒师助理小马正在往酒架上放置新进的一批葡萄酒。

李经理："小马，我们酒窖的葡萄酒库存有没有实时更新？"

小马："有的，我每个星期都会定期盘点酒水的数量，跟进每一款葡萄酒的情况。"

李经理："非常好。你知道吗，葡萄酒是有生命的饮料，因为在装瓶后葡萄酒还将继续'成长'，继续其复杂的物理变化过程。刚刚'出生'的葡萄酒单宁比较粗糙，发酵后经过一段时间的氧化，葡萄酒才会被投放市场，送到消费者手中。由于葡萄酒在不同的环境下会产生不同的变化，良好的储存环境是保证葡萄酒质量的唯一途径，所以做好储存工作是很重要的一件事情。"

小马："好的经理，我明白了。"

让我们以侍酒师助理的身份，一起来学习关于葡萄酒库存的知识。

【相关知识】

一、葡萄酒库存方法

1. 保持良好的库存温度

过高的温度容易加速葡萄酒的熟成，破坏葡萄酒的口感和结构，从而让葡萄酒过快成熟、缩短寿命；温度过低容易压抑葡萄酒的成长；温度忽高忽低则容易导致葡萄酒变质。因此，一个良好、恒定的温度是葡萄酒库存的重要保证。

专业酒窖最佳库存温度应该为12~13℃，有利于葡萄酒的缓慢熟成；

商业环境最佳库存温度应该为18~20℃，有利于葡萄酒正常熟成，且可确保销售到消费者手中时不至于由于温差太大而导致酒质发生剧烈变化；

运输过程中，受条件所限，温度最高不能超过22℃，否则炎热的天气和剧烈的震动会使葡萄酒变质。

2．保持良好的库存湿度

恒温和恒湿是葡萄酒库存的两个重要因素，湿度如果过低，软木塞会干燥收缩，密封性差，使空气容易进入瓶内，酒体过度氧化，严重者甚至木塞断裂，木碎进入酒中；湿度如果过高，容易产生细菌，导致酒液霉变。葡萄酒库存的湿度建议保持在60%~75%之间。应常常检查湿度计量器，确保湿度在适合的范围内。

3．保持柔和的库存光线，避免强光照射

光线会加热葡萄酒，并破坏葡萄酒的分子结构，库存中应该避免强光直射才能有效保证葡萄酒的品质。

另外，在经营中，管理的严谨有序和专业对葡萄酒的保存非常重要，例如按照一定的标准（如按照葡萄酒品种、场地、年份、价格等）进行货架分类，以便查找。也可以使用葡萄酒的酒卡，提高对葡萄酒的规范管理。

4．正确摆放葡萄酒

用螺旋盖封口的葡萄酒和起泡酒可以直立摆放，其他用软木塞封口的葡萄酒则可以采用以下的几种摆放方式，力求让葡萄酒液润湿软木塞，不让软木塞变干漏气，使葡萄酒氧化：

倒立摆放　把葡萄酒瓶倒立摆放，可以使软木塞浸泡在酒液中，让软木塞不会因为干燥收缩而致使酒体受损。该方式比较适合在库存过程中不会产生沉淀物的白葡萄酒、普通新酒。因为陈年红葡萄酒如果长时间地被倒立式摆放，会使酒泥残留在木塞上，造成开瓶后酒液浑浊。

倾斜摆放　用酒架把葡萄酒瓶倾斜15度摆放。倾斜式摆放有利于酒中的悬浮物在地心引力作用下慢慢沉入瓶底，对陈年红葡萄酒来说还可以起到除泥的作用。使用该摆放方法需要较大的空间，并需定期转瓶和除尘。同时，为了避免酒标老化发黄，且不影响客人观赏，最好能用保鲜纸把葡萄酒瓶身包裹起来。

平置式摆放　一种传统的葡萄酒摆放方式，有利于酒液平稳流动、透氧，也可节省空间，适合仓库的储存，但不利于客人观赏。

二、葡萄酒的瓶塞

学习了上述摆放方式之后，我们了解到不同类型的葡萄酒有各自合适的摆放方式，接下来，我们接着了解一下葡萄酒的瓶塞，看看软木塞和螺旋盖各有什么优缺点。

1. 软木塞

人们从17世纪开始使用软木塞作为葡萄酒的瓶塞。软木塞既可以封住葡萄酒，又有一定的透气性，可以让葡萄酒以合适的速度氧化。所以一直以来都是人们最钟爱的瓶塞。

软木塞所用的木材是软皮栎树，与制作橡木桶的木料同属于栎属。软木塞一般分两种，一种是直接从软皮栎树的树皮外层切出来的，另一种是使用树皮余料粉碎后凝合而成的。

软木塞的优点在于：

透气性合适　可以使葡萄酒以恰当的速度进行陈化，又不至于使葡萄酒变质。

使用时间长，更为可靠　长久以来，高质量的葡萄酒都是使用软木塞的。虽然软木塞有一些缺陷，但已在人们可控的范围内，而其他类型的瓶塞在高端葡萄酒的储存方面还缺乏足够的实验。

材料天然，与葡萄酒相得益彰　葡萄酒本身即是天然饮品，与天然材料制成的软木塞可谓天生一对。这就导致即使其他替代瓶塞在性能上超过了软木塞，大多数消费者和专业人士也仍然在心理上更为认同软木塞。

软木塞的缺点在于：

制作工艺复杂，成本较高　栎木树皮要先在沸水里浸泡几个小时，然后在凉爽的环境中自然风干一到两周，之后才能切割成条，并在软木条上打洞形成木塞的形状。然后是清洗消毒，打上年份、酒庄名字等，之后涂上石蜡、硅胶等。要完成全部工序，其成本要比螺旋盖高出许多。

可能产生软木塞污染　软木塞污染是由软木中广泛分布的天然合成物TCA分子引发的，这种合成物是一种带有臭味的氯金酸盐分子。被TCA污染（占软木塞污染的80%）的葡萄酒具有霉味、腐朽味和潮湿的麻袋气味等特征。

2. 螺旋盖

美国葡萄酒评论家罗伯特·帕克说："越来越多的先进酒庄开始使用螺旋盖酒瓶存放3~4年内必须饮用的葡萄酒（这种葡萄酒占到全世界葡萄酒总量的95%）。这种趋势还会继续发展下去，终有一天，螺旋盖会成为世界上大部分葡萄酒的标准瓶盖。"

螺旋盖的优点在于：

使用方便，开瓶和重封都很容易；

使用螺旋盖封存的葡萄酒，可以瓶身直立放置保存；

螺旋盖可以更好地抵制温度变化给酒体带来的损伤；

可规避软木塞污染的风险，也消除了因木塞缺陷而导致葡萄酒氧化的隐患；

螺旋盖的内衬垫是食品安全级别的聚合物，不会对葡萄酒的风味产生影响；

适合尽早饮用的葡萄酒，其新鲜度在使用螺旋盖封瓶时可以保存得更久；

需要陈年的葡萄酒，在使用螺旋盖封瓶的情况下依旧可以陈年。因为瓶体内的顶部空间有足够的氧气，可助实现葡萄酒的熟化。

【延伸阅读】

软木塞的那些事儿

早在中世纪末，拥有悠久酿酒史的欧洲人就开始使用天然橡木皮切割成的软木塞来封瓶，这种软木塞能很好地保证瓶内之酒呼吸通畅，延长葡萄酒的保存寿命。研究葡萄酒的人不少，但对于被称为"葡萄酒生命卫士"的软木塞却很少有人去研究。以下是关于软木塞的一些常识：

1. 采割软木不需要砍树

用来制作软木塞的树皮从树干上被直接割下，这个过程被称为"剥树皮"。这种传统的软木采割由人工实现，既不会损伤橡树，也不会对其产生后续影响——因为树皮会自然再生。也就是说，人工采割只是帮助橡树在夏季脱皮，之后它会慢慢地重新给自己穿上"衣服"，九年后又可以再次采割。

2. 74%的葡萄酒消费者偏爱以软木塞为酒塞

软木塞有着质量轻、防液体渗透、可压缩、可塑性强、不腐烂而且100% 纯天然等诸多优点，又能很好地保证瓶内之酒呼吸通畅，这是保证葡萄酒拥有卓越陈年能力的关键因素。这就不难解释为什么软木塞能够在酒塞市场上独占鳌头，占据74%的市场份额了。

3. 开采过的橡木林是真正的"吸碳井"，有助于改善污染

一棵被开采过的橡木树所吸收的二氧化碳总量相当于没被开采过的橡木树的4倍。据估计，橡木林每年可吸收高达1.4千万吨的二氧化碳。

4. 软木塞是100%可循环使用的

这些年，法国已经形成了回收使用过的软木塞的全国性网络。被回收的软木塞经由回收中心处理后，被重新卖给法国的软木塞制造商。这些被回收的软木塞会被磨成颗粒，做成绝缘材料,被应用于航空或汽车领域等。而回收利用所得的盈利将被用于资助人道主义行动、慈善事业等。

5. 全球平均每秒能生产10公斤的软木

全球平均每秒能生产10公斤的软木,这相当于每年30万吨的软木采割量。而每生产1000个软木塞需要15公斤的软木。

【课后练习】

一、判断题

1. 使用软木塞的都是品质好的葡萄酒。　　　　　　　　　　　　(　)

2. 用软木塞的葡萄酒最好使用倾斜放置的方式,让橡木塞能够充分湿润。

(　)

3. 专业酒窖最佳库存温度应该在12~13℃。　　　　　　　　　(　)

4. 使用软木塞可以让葡萄酒更好地陈年。　　　　　　　　　　(　)

二、选择题

运输过程中受条件所限,温度最高不能超过( )℃,否则炎热的天气、剧烈的震动下,葡萄酒很容易变质。

A. 13　　B. 18　　C. 22　　D. 25

项目三
开餐前的
准备

活动1 摆放葡萄酒杯

【学习目标】

1. 掌握酒杯的摆放方式。
2. 掌握持杯和摇杯的方法。

【情景模拟】

　　侍酒师助理小马正在做着宴会前的布场工作。

　　李经理:"小马,你知道吗,葡萄酒杯在摆放方式上还有着很多变化呢。"

　　小马:"我一直都只按照规定的一只酒杯加一只水杯这样的组合来摆放,难道还有什么其他的讲究吗?"

　　李经理:"当然!来,我给你做一下示范。"

　　下面,让我们一起学习开餐前需要做的酒杯准备。

【相关知识】

一、酒杯的摆放方式

　　酒杯的摆放通常根据饮用的种类而定。一般来说,比较正规的宴会上至少会上三次酒:餐前酒、餐中酒、餐后酒。酒杯的摆放也就相应地有三种:三角形摆放、矩形摆放和直线形摆放。(见第Ⅶ页图④—⑥)

　　三角形摆放　第一个酒杯需放在最右边,第二个酒杯位于第一个酒杯的左上方,用于盛水的酒杯放在第一个酒杯的左侧。三支酒杯逆时针摆放,形成三角形。

　　矩形摆放　如果有四种酒,需要放置四个酒杯,那么将第一只酒杯放在餐盘右侧,然后在右手45度角方向的适当距离上摆放第二支酒杯,再将第三支、第四支酒杯逆时针摆放,四支酒杯组成一个矩形。

直线形摆放 如果酒会中共需上五种酒,则需要放置五个酒杯。酒杯应放在餐盘右侧,以位于餐刀正前方的水杯为基准,朝右下方与餐台边成45角方向排列,依次为香槟杯、红葡萄酒杯、白葡萄酒杯、雪莉杯、波特酒杯。这样,左边最远处为水杯。

二、持杯与摇杯

1. 持杯方式

正确的持杯方式为手持杯脚,勿用手接触葡萄酒杯壁。这是因为手的温度会使葡萄酒液的温度升高,从而影响葡萄酒的风味。此外,这种持杯方式也可以防止将指纹印到杯肚上。

2. 摇杯方法

通过摇杯,酒液在旋转过程中能更好地与氧气接触,并释放其蕴藏的香气。摇杯有两种方法:手持型和桌面型。

手持型 站立,手持杯脚,旋转酒杯。

桌面型 将倒好葡萄酒的酒杯放在桌上,将拇指和食指夹住杯脚,在桌面上轻轻画圈即可。

3. 如何干杯

正确的干杯方式为:手持高脚杯,逆时针方向将酒杯稍稍倾斜(与垂直方向约成15~30度角),与对方轻轻触碰杯肚。记得在干杯时要与对方有眼神交流。

【延伸阅读】

试酒碟

试酒碟(Tastevin)是一种小型银质浅碟,其直径一般不超过8厘米,碟底有个圆形突起,碟内表面则分布着大小不一的凹孔。19世纪之前,试酒碟是酿酒师和葡萄酒中介商的必备器皿。它见证了葡萄酒的辉煌历史,是一个承载了葡萄酒专业尊严的符号。

作为葡萄酒发展的历史证物,试酒碟游走于时光隧道扮演着不同角色。在电灯发明以前,试酒碟是重要的品酒工具——在缺乏光源、只靠一丝烛光照明的地下酒窖里,利用小碟内凹凸不平的波点的反射,微弱的烛光得以照亮碟子里的酒,让酿酒师在品尝前能够观察酒液的色泽和清澈度。

葡萄酒知识与侍酒服务

　　根据历史记载，法国是试酒碟的诞生地。19世纪之前，酿酒师在酒窖里品尝正在橡木桶中熟化的葡萄酒时，如果要正确观察酒液在容器中的色泽和清澈度，需要良好的自然光线和白色的背景。但在电灯发明之前，在阴暗的酒窖里，这显然是不可能实现的任务。色泽是葡萄酒是否熟化就绪的指标：紫红色代表酒龄尚浅，石榴红则表示离灌瓶不远。在酿酒科技发达之前，霉菌是葡萄酒的头号杀手，受其影响的酒液清澈度低，酒体浑浊甚至含有絮状物。因此，酿酒师在酒窖里的工作非常重要，一旦葡萄酒出现异状就必须马上处理，否则整个熟成将毁于一旦。而纯银的试酒碟在烛光下提供了试酒所需的白色背景，同时它外型轻巧、便于携带，酿酒师便可随时随地测试酒液。

　　除了酿酒师，试酒碟还是葡萄酒中介商的必备器皿。19世纪的勃艮第中介商为了寻找适合顾客口味的葡萄酒而马不停蹄的到处拜访酒庄，在品尝所有样品后才做出购买决定。由于路途遥远，如果携带玻璃酒杯，极可能不慎而损毁于途中。但若使用酒庄提供的酒杯，款式、形状不一，则辨识标准无法保持一致，自然就影响品尝结果。自备轻巧的试酒碟可一石二鸟地解决以上问题，既不易破损，又可统一标准。

　　当然，随着爱迪生发明电灯，试酒碟已渐渐失去其用途，取而代之的是各式水晶酒杯。不过，在一些高级的欧美餐馆及重要的品酒盛会上，依然可看到试酒碟的身影，但不是用作品酒器，而是挂在专业侍酒师的胸前，作为葡萄酒业界的最高专业荣誉象征而存在。

【课后练习】

1. 以下说法错误的是（　　）

   A. 葡萄酒杯由4个部分组成。

   B. 舌根后方主要感受酸味，舌头两侧主要感受苦涩，舌尖和舌头前部主要感受甜味。

   C. 白葡萄酒杯容量较小，杯肚和杯口都较小，容易聚集酒的香气，不让香气消散得太快，保持低温状态。

   D. 香槟杯常见有蝶型、笛型和郁金香型。

2. 下面说法正确的是（　　）

   A. 螺旋盖封口的葡萄酒一般采用倾斜式摆放。

   B. 倒立式摆放有利于酒中的悬浮物在地心引力作用下慢慢沉入瓶底。

   C. 葡萄酒的熟成需要一定的强光，因此库存时应保持一定强度的光线。

   D. 平置式摆放是一种传统的摆放葡萄酒的方式，有利于酒液平稳流动、透氧，可节省空间。

活动2　认识侍酒工具

【学习目标】

1. 认识各种侍酒工具。

2. 掌握使用各种侍酒工具的方法。

【情景模拟】

　　侍酒师助理小马正在做着宴会前的布场工作。

　　李经理:"小马,这次宴会之前要先上香槟作为迎宾酒,你有提前做好冰镇工作吗?"

　　小马:"是的,我已经将酒都冰好了。"

　　李经理:"非常好,其他醒酒器之类的侍酒用具也准备好了吗?"

　　小马:"请您放心,已经准备好了。"

　　在侍酒时,你需要借助各种侍酒工具来辅助完成工作。接下来,我们将具体学习、认识各类侍酒用具及其用途。

【相关知识】

一、冰酒桶

　　传统的冰酒桶常常于品饮起泡酒、白葡萄酒和桃红葡萄酒的时候使用,其功能在于使葡萄酒快速降温到最佳饮用温度。使用前,需先在冰酒桶里加入1/3冰块,再把酒瓶放进去,然后加水到七成满——冰水混合物比单纯的冰块降温更快。

　　侍酒服务时,可先把冰酒桶放在冰酒桶架上,或直接在餐桌上垫上一条餐巾再放冰桶,以防水沾湿餐桌。另外,还应在葡萄酒瓶上或者冰酒桶上再放一条餐巾,以便出瓶时可以用来擦拭葡萄酒瓶身的冰水。

二、餐巾

侍酒的时候需要配备餐巾,餐巾可折叠成长方形,用于擦拭瓶口,以及斟酒后瓶口残留的酒液,或者瓶身外的冰水。

三、酒杯

侍酒的时候,如前所述,应该根据客人拟品赏的葡萄酒的类型选择合适的酒杯,以达到最佳品赏效果。

四、醒酒器

醒酒器是一种扩大葡萄酒与空气接触面,让酒的香气充分发挥,并让酒里的沉淀物隔开的玻璃或水晶器皿。(见第VI页图①)

醒酒器一般用于陈年红酒"换瓶"以及给陈年酒、新酒"醒酒"。醒酒器的形状标志一般是长颈大肚子。随着时尚潮流的变化,目前各种新款式醒酒器层出不穷,并结合美观装饰,让摆放着美味佳酿的桌面更添雅致。

五、开瓶器

开瓶器多种多样,一般餐厅常见的开瓶器有以下几种。(见第VI页图②—⑤)

侍者之友(Waiter's friend) 又称"海马刀",是侍酒师专用的开瓶器,体积较小,实用,能够体现侍酒师的专业技巧。

使用方法:先把后部的小刀片拉出,割开葡萄酒的铝箔,把螺旋钉插入软木塞,用杠杆原理起出软木塞。

螺旋开瓶器(Corkscrew) 最古老的传统开瓶器。结构简单,但是在开瓶时候比较费力且速度慢,开瓶失败几率较高,不适合专业侍酒时使用。

使用方法:把螺旋开瓶器旋转扎入软木塞,用力拔出就可以。

杠杆式开瓶器(Wing screw) 通常在吧台使用。

使用方法:把螺旋钉缓慢旋转入软木塞中,然后双手把杠杆往两边压下,利用杠杆原理把软木塞提起,使用比较简单。

旋转式开瓶器(Screwpull) 一般为葡萄酒附带赠品。

使用方法：把螺旋钻头插入软木塞，往同一个方向旋转开瓶器上方把手，螺旋钉就会进入软木塞内，并把木塞向上提出。

气压开瓶器（Pressure Corkscrew）　其原理是利用针头通过软木塞向葡萄酒瓶内加压的一种新型开瓶器，操作比较简单、省力。

使用方法：把针头插入软木塞中，不断打气进入葡萄酒瓶中，利用气压把软木塞顶起，实现开瓶。

电动开瓶器（Electric Wine opener）　操作简便，外型时尚美观，符合葡萄酒高贵典雅的特征。

使用方法：按住电动开瓶器"激活钮"下的按键，至旋转动作声响停止，然后按住"激活钮"上的按键，即可退出瓶塞。

老酒开瓶器（Ah-So）　对于一些老年份酒来说，由于其软木塞常年在酒液中浸泡，很容易变得松软脆弱。老酒开瓶器是专门为开老年份的葡萄酒准备的。

使用方法：

A.先用普通开瓶器尾端的小刀将瓶口锡箔割开，除去瓶封。老酒的锡箔可能会黏住瓶口，可用手将锡箔清除，并用纸巾或餐巾将瓶口擦拭干净，避免倒酒时沾到瓶口而影响到酒的口感。

B.检查软木塞状况，此时软木塞可能与瓶口紧密黏合，可先用开瓶器的一脚沿着软木塞划一圈，然后再用两跟长脚夹住软木塞慢慢旋转，将软木塞夹出来。

C.最后，可以用醒酒器换瓶过滤掉进酒里的软木塞碎屑及老酒沉淀物。

【延伸阅读】

一颗葡萄树能酿造多少瓶葡萄酒？

葡萄树是有生命的，有青年、中年、成熟、衰退的不同阶段，一颗葡萄树每年通常可以结15～50串葡萄，大概可以酿酒4千克。榨汁时，葡萄的20%会作为残渣去除，在发酵、熟成、过滤的过程中还会继续损失5%左右。而酿制一瓶葡萄酒（750毫克），则通常需要1～1.2千克的葡萄。这样算下来，一颗葡萄树仅仅可以酿制三四瓶葡萄酒。

不过也有例外。为了生产出高品质的葡萄酒，有时一颗葡萄树只能酿造出一瓶、甚至一杯葡萄酒。难道为了酿出高品质葡萄酒，一棵葡萄树中，除了优质葡萄以外的全部葡萄都被扔掉了吗？

其实不然。事实上，酒农们在葡萄未成熟前，就已经通过剪掉部分葡萄果（Green harvest）的方式来减少结果量了。由于从根部吸收的养分是一样的，当结果的数量越少时，每串葡萄的营养成分就越多。

例如，智利著名的葡萄酒公司San Pedro公司与法国波尔多地区的著名酒庄Chateau Dassauit强强联手，在智利生产的顶级葡萄酒Altair以及Sideral，一株葡萄树才酿造出一瓶酒。而法国最顶级的贵腐甜酒滴金堡，一颗葡萄树上更是仅能酿造出一杯酒。由此可见，这些葡萄酒的价格昂贵也是不无道理的。

那么，一个橡木桶中可以倒入多少瓶葡萄酒呢？

通常，一个橡木桶的容量大概在225升左右。葡萄酒通常以箱为单位来进行销售，而一箱可以装入容量为750毫升的葡萄酒12瓶。一个橡木桶中的葡萄酒液相当于25箱左右的葡萄酒，即共300瓶葡萄酒。

【课后练习】

小明是在酒店扒房工作的一名员工。有一天，一位美国客人在就餐时，根据菜牌点了一只片皮鸭，还有一瓶澳大利亚的东南澳西拉子葡萄酒（Shiraz），并向小明咨询这样的搭配是否能突出葡萄酒的风味和食物的美味。

请根据你的葡萄酒知识，判断这样的配搭方式是否恰当。

模块三

我是侍酒师

活动1　向客人介绍葡萄酒

【学习目标】

1. 了解侍酒师呈递酒单的工作流程。

2. 了解侍酒师呈递酒单时的标准服务用语。

【情景模拟】

李经理由于被集团派去新酒店给新员工做为期数月的培训，暂时由大堂吧王经理代上侍酒课程。

王经理："知道什么是侍酒师吗？"

小李："是向客人推荐葡萄酒，并向客人提供服务的人。"

王经理："侍酒师不光是接受客人点酒，从葡萄酒的申购、贮藏到酒窖的管理等，都在侍酒师的工作范围内，他们应该拥有丰富的菜肴知识和葡萄酒知识。"

如果要成为侍酒师，需要具备怎样的素质？

首先是态度，其中包括了如何服侍客人，如何与客人交流，如何与同事共事，以及对工作的敬业程度、对自身的要求和如何提高自己等很多方面的内容。就像前中国足球队教练米卢说的那样，"态度决定一切"。除了需要掌握足够丰富的葡萄酒知识外，侍酒师最重要的素质是让每一位顾客都能在其服务过程中了解葡萄酒，懂得享受葡萄酒带来的乐趣。

下面让我们一起来学习如何为客人进行葡萄酒服务。

【相关知识】

一、侍酒师的起源

提起侍酒师，很多人第一反应想到的就是高级餐厅里那些对葡萄酒知识非常了解的文质彬彬的专业人士。也许你还记得在电影中常见的一个场景：在一张超长的饭桌前，主人和宾客相对而坐，侍酒师和服务员安静而专业地站在背后，为他们提供各种服务。

有关"侍酒师"这个行业的诞生，还要从中世纪的欧洲说起。

侍酒师这个职业相传起源于中世纪的法国，当时有一种被称为"bete de somme"的侍者，其职责之一是用银质的试酒碟来检验葡萄酒是否被下毒。后来，bete de somme逐渐流向民间餐厅，演变为"Sommellerie"，也就是侍酒师。英文"Sommelier"即是由此演变而来的。

渐渐地，在欧洲皇室，开始出现了侍酒师的雏形。每次皇室家宴，总会出现一大堆的侍者在旁服务侍酒，少则几十多则几百，端盘倒酒，各尽其职。

最初欧洲皇室并未设立专门的管理酒水的官员，而是雇佣当地葡萄酒酿造与生产者带着葡萄酒为他们服务。随着皇室生活越趋奢华，这种需求越来越频繁，也越来越重要，专门管理葡萄酒供应与服务的"侍酒官"也就应运而生了。

这种侍酒官权利很大，甚至可以控制当地的葡萄酒种植、酿造与贸易事业。侍酒官下属有专门的管理酒水服务的官员——他们就是侍酒师的原型。但是这种官员是凌驾于其他服务员之上的，他们只负责餐桌上的酒水和酒杯，其他的服务工作则交予其他侍者完成。

进入17世纪后，有成功富裕的酒商在欧洲开设了第一个餐厅。侍酒师的服务逐渐从皇室、贵族家庭慢慢地走进了寻常百姓的生活中。当然，那个时期的侍酒师在职责上基本与服务生并无太多的差别，与我们今天所称的"侍酒师"相去甚远。此后又经过了三四百年的发展，时至今日，在西方，侍酒师已经成长为餐厅中的一个重要职位。

二、侍酒师呈送酒单的服务流程

在西餐厅，侍酒师一般会根据客人所选的菜肴，为客人介绍与菜肴相搭配的葡萄酒。而在酒吧里，客人所点的葡萄酒，则由酒吧调酒师承担起向宾客介绍的职责。

那么，侍酒师在介绍葡萄酒时，应遵循怎样的服务流程来呈送酒单呢？（见第Ⅸ页图①—②）

1. 呈送酒单服务流程

餐厅的酒单上，一般会列出酒的型态、产国、产地、酒庄、等级、年份等详细信息，供客人选择。

向客人呈送酒单的程序如下：

酒单呈送给主人或主人指定的负责点菜的客人。

酒单在客人享用过开胃饮料及点完菜后呈送。

先将酒单打开至第一页,右手拿酒单中间上端,左手托着酒单下端,从客人的右侧双手呈上酒单。

客人选择配餐酒水需要一些时间,若客人不能马上决定,侍酒师可短暂离开,并时刻注意客人的手势。

客人需要侍酒师提供建议时,侍酒师应为客人提供最佳的餐酒搭配建议。

若有促销某种酒的任务时,侍酒师可作原则性的推销,但不可强迫客人接受。

2. 侍酒师呈送酒单标准服务用语

问候客人

要求:侍酒师应该在客人点菜后,主动问候客人。

标准服务用语:晚上好,XX先生(女士),欢迎光临★★★,我叫小李,很乐意为您服务。

呈递酒单

要求:侍酒师打开酒单第一页,以右手拿着酒单上端,左手托着酒单下端,从客人右侧双手呈上酒单。

标准服务用语:XX先生(女士),这是酒水单,请您选用,谢谢!

为客户介绍葡萄酒

要求:简单、明确、礼貌地介绍餐厅(酒吧)现有的葡萄酒类型。要举止大方、热情耐心。向客人介绍葡萄酒时,以提供参考意见为主,不可强行推销;应熟悉各类葡萄酒的品牌、等级、价格和容量。

标准服务用语:您好,XX先生(女士)。您的开胃菜需要配些白葡萄酒吗?

XX先生(女士),不妨选用我们餐厅可按杯销售的特选葡萄酒(House Wine)。

XX先生(女士),法国葡萄酒我们有波尔多、勃艮第、阿尔萨斯等AOC等级的酒,您更喜欢哪一种?

XX先生(女士),您选用的这瓶葡萄酒需要一些时间醒酒,大约30分钟,您介意多等一会儿吗?

【延伸阅读】

侍酒师与品酒师的区别

像闻香师一样,酒类也有其对应的品酒师。但是注意,品酒师与侍酒师虽然只有一字之差，却是完全不同的职业。品酒师是葡萄酒世界中最懂得品尝和鉴赏的群体，他们很少喝酒，因为他需要储备10,000种以上的味道，每年更要品尝3,000多种新酒。最好的品酒师，要修炼成万中挑一的舌头。相对于侍酒师而言，这些极具专业精神和严肃态度的品酒师更像是实验室中的科研人员，运用自己的专业知识和天赋异秉，为酒的世界作出最公正的评判。

侍酒师则更多出现在你我身边。他们考核严格，人数很少，只有相当有水准的餐厅中才会配备真正的侍酒师。他们掌控着整个餐厅的搭配精髓——什么样的客人需要什么样的酒，什么样的酒菜最能体现餐厅风格……就像一个统筹有度的酒文化顾问，为不同顾客作出最能发挥各种酒类优点的选择。侍酒师名称中"酒"的意思，表明了他们对酒和餐饮文化的精通；而"侍"则注重对客人的服务，特别强调高超的沟通技巧。不同于以往高级法国餐厅中专为贵宾服务的侍酒师，今天，最好的侍酒师更应该是最好的服务生。他会察言观色，看你是否需要他提供详细介绍、细腻服务或者干脆尽量保持沉默。真正五星级的服务，在于侍酒师总能选择最恰当的时机，采取最适宜的进退，而非多多益善。所以，在你身边的侍酒师，只是你与美酒佳肴之间的桥梁，而说"YES"或者"NO"的选择权，始终在于你自己。

【课后练习】

1. 侍酒师为客人呈递酒单时应打开酒单（　　　）。以右手拿着酒单上端，左手托着酒单下端，从客人右侧双手呈上酒单。

　　A. 第一页　　B. 随便一页　　C. 中间　　D. 第二页

2. 酒吧调酒师在吧台上从（　　　）方向为客人呈递酒单。

　　A. 右侧　　B. 正面　　C. 后面　　D. 左侧

3. 以下哪种说法是错误的：（　　　）

　　A. 为客人介绍葡萄酒时只提供参考意见。

　　B. 为客人介绍葡萄酒时不能只提供参考意见，可以强行推销。

　　C. 侍酒师要熟悉各种葡萄酒的价格、容量。

　　D. 侍酒师应熟悉各种葡萄酒的品牌、等级。

活动2　红葡萄酒侍酒服务

【学习目标】

了解红葡萄酒侍酒服务程序。

【情景模拟】

一天晚上，餐厅来了四位客人，主人同时点了白葡萄酒和红葡萄酒。实习生小王问："这桌客人点了白葡萄酒又点红葡萄酒，那服务时应从哪种酒开始呢？"

小李："小王，不用担心，我们可以按客人进餐的顺序，根据菜肴来进行葡萄酒服务。一会儿，你就在旁边做好我的助手吧！"

下面，我们一起进入红葡萄酒侍酒服务的学习。

【相关知识】

一、准备工作

- 宾客点酒后，侍酒师去酒窖取酒。
- 侍酒师准备红酒篮，并将一块洁净的餐巾铺在红酒篮中。
- 将取回的葡萄酒擦拭干净后卧放入酒篮中，酒瓶商标朝上。
- 把红酒摆放在酒车上，准备好一条折叠成长条状的餐巾，把酒水车推到餐桌旁。

二、展示红葡萄酒

- 侍酒师右手拿起酒篮，将用于放置酒塞的小碟放在主人餐具的右侧。
- 右手拿着酒篮上端，左手轻托住酒篮底部，呈45度倾斜，商标朝上，请主人看清酒标。得到确认后，准备开酒服务。（见第Ⅸ页图③）

三、开启红葡萄酒

● 将红酒置于酒篮中，打开酒刀，左手扶住瓶颈，右手用酒刀把瓶口处的锡纸切割开：用刀片沿着离瓶口约1.5厘米处的凸缘下方均匀地划一圈，然后取下锡箔。切割锡纸时注意围绕瓶口旋转，分两次进行。

● 收起酒刀，用洁净的餐巾擦拭瓶口处。将开瓶器的酒钻插在软木塞中心点位置，旋转进入，方向保持垂直。打开杠杆并卡在瓶口处，左手抓紧杠杆和瓶口，右手用力提起酒钻，拔出约4/5木塞，右手捏住木塞轻轻拔出。

● 将木塞从酒钻中扭出，检查木塞气味，然后将木塞放入小碟中，放在主人红葡萄酒杯右侧约1～2厘米处，供客人查验。

● 用餐巾再次擦拭瓶口。（见第Ⅸ页图④）

四、为客人斟酒

● 侍酒师用右手拿起酒篮，从主人右侧向其酒杯注入1/5的红葡萄酒，然后轻轻晃动一下酒杯，请主人品评酒质。在主人认可酒品质后，侍酒师从客人右侧按顺时针方向依次为客人倒酒，一般按西方习俗遵循女士优先、年长者优先、先宾后主的原则。

● 斟酒时，酒标须始终朝向客人，红葡萄酒斟至酒杯1/3处，每斟完一杯酒将酒瓶按顺时针方向轻轻转一下，并用口布擦拭瓶口，避免瓶口的酒液滴落在台面上。

● 为所有客人斟完酒后，将酒瓶连同酒篮轻放回酒车上，注意瓶口不能对着客人。

● 在客人用餐过程中，侍酒师应及时为客人斟酒。服务要求动作轻缓，不打扰客人正常用餐及交谈。当瓶中的酒只剩下一杯的酒量时，须及时征求主人的意见，是否准备另外一瓶。如主人不再加酒，可待其饮用完毕后，及时撤掉全部空酒杯。（见第Ⅸ页图⑤）

五、葡萄酒饮用的时间和保鲜

大多数人都认为，葡萄酒的贮藏年份越久越好，其实这是对"年份"的误解：葡萄酒瓶上标注的年份，其主要作用是记录酿酒葡萄的采摘时间。这是因为即使产于同一产区，不同年份的葡萄酒也会因为当年的天气状况等自然因素而出现品质上的差别。所以，评判某个年份的葡萄酒好坏的标准与时间长短无关，而是与当年的降雨量、日照时长等自然因素有关。一瓶好的葡萄酒要结合天时、地利、人和，并不是一味追求时间的长短。

世界上大约95%的葡萄酒，都是适合在装瓶之后的5年之内饮用的，在这个时间段内，这些葡萄酒的品质优秀，故这段时期也被称为适饮期。过了适饮期之后，葡萄酒进入衰老期，酒中的风味物质大部分已经消失，口感变得寡淡。

也有一部分品质好的葡萄酒必须储藏一段时间后才会进入适饮期,展现其魅力。这个年限从几年到几十年不等。一些较为顶级的葡萄酒,可以存放几十年甚至上百年。这类葡萄酒如果过早饮用,其单宁、酸度、香气等标准都无法达到葡萄酒适饮期的水平。

六、醒酒与滗酒

醒酒的目的是为了柔化葡萄酒中较青涩的单宁,使酒的口感变得更加柔顺,香气得以更全面地散发。并不是所有的葡萄酒都需要进行醒酒,只有那些需要长期存放、未达到适饮期的红酒才需要。因为这些酒中的单宁比较青涩,需要通过与氧气接触来柔化。

打开软木塞后,缓慢将葡萄酒倒入醒酒器中,然后放置几十分钟到几个小时甚至几十个小时不等的时间,让葡萄酒与空气充分接触,挥发异味、杂味,促进单宁快速氧化。

醒酒要注意以下几方面的问题:

● 醒酒的功能在于让葡萄酒与空气接触,稍微氧化,以去除不好闻的气味,同时让酒变得柔顺一些。特别是未到成熟期的年轻红酒,先开瓶透气可避免喝时单宁收敛性太强而形成干涩的苦口感。

● 不是所有的葡萄酒都需要醒酒,那些以新鲜的果香为主的普通葡萄酒,一般即开即饮即可。那些高品质的、单宁含量丰富的、酒体强劲的葡萄酒才可能需要醒酒。

● 很多人认为白葡萄酒不需要醒酒,其实不然,那些高品质、酒体强劲、经过橡木桶陈酿的白葡萄酒,很可能需要醒酒。

● 醒酒的时间不是固定的,作为一名侍酒师,你需要通过不断的品尝来进行判断。

● 一些太老年份的酒,最好在饮用时才开瓶,以避免酒过度氧化,香气散去。

滗酒的主要目的在于分离葡萄酒的残渣或者沉淀物,需要滗酒的葡萄酒以陈年老酒居多。经过这一程序之后,把酒从滗酒器倒入酒杯时,酒液中就不再会夹杂着残渣了。实际上,进行滗酒的过程也同时具有一点醒酒作用。

接下来我们来看一下具体的滗酒过程:

● 将酒窖中平躺的酒瓶移至红酒篮里,在酒篮中用酒刀打开葡萄酒。拿瓶子时要小心,不要摇晃和直立,因为这会导致沉积物被摇散到酒液中。

● 准备好醒酒瓶,点燃蜡烛(用以观察沉淀物),从酒篮中平取出酒瓶,在蜡烛火焰上方把酒倒进醒酒瓶。当看到沉淀物靠近瓶颈时,立即停止斟倒并把瓶子放回篮子。

● 用醒酒瓶提供侍酒服务,当主人品尝葡萄酒时应展示酒标。经确认后,再为其他客人斟酒。

● 将醒酒瓶放在桌上,酒篮和酒瓶放在旁边。

【延伸阅读】

认识侍酒师的重要性

对于餐饮服务机构来说，侍酒师是极其重要的。一名好的侍酒师可以专业地把握好酒店菜品与酒的搭配，以及客人的心态。以下几个案例可以帮助你更深刻地认识到其重要性：

案例一：酒与菜的最佳搭配

法国某国际女影星在一家顶级餐厅用餐时，突感胃部不适，无心继续进餐。站在一旁的侍酒师看到后，为其挑选了一款很适合暖胃的红葡萄酒，并推荐与之搭配的菜品。其后几年，这位女影星常常光临那家餐厅，且每次见到那位侍酒师，都微笑致意。

案例二：把握客人心态

一对情侣在酒吧里发生争执，继而陷入无声的冷战。聪明的侍酒师走近他们，礼貌地问候，并向他们推荐了一款最受情侣喜爱、瓶身贴有桃心图案的Chateau Calon Segur葡萄酒，并向他们讲述该款葡萄酒的相关故事，成功地缓和了这对情侣之间的气氛。

案例三：不可缺的醒酒步骤

在一家小酒馆里，服务员将陈年葡萄酒直接倒入客人的杯中，客人发现杯底有不少沉淀物，对酒馆的酒水品质与服务颇为质疑。随后的十几分钟里，客人都没有碰触那杯酒。细心的酒馆老板向客人致歉，并亲自为其进行了规范的老酒换瓶醒酒服务，获得客人的原谅。

总之，好的侍酒师善于利用自身的技能与独到的眼光，为客人提供完美的服务，同时也推动酒店的酒水销售。设计精致的酒单，赏心悦目的杯皿，如果再匹配以训练有素的侍酒师，无疑可以为顾客带来更加温馨愉悦的用餐感受。

【课后练习】

1. 服务红葡萄酒时需要准备酒刀、餐巾和（　　）。

　　A. 冰桶　　　B. 酒刀　　　C. 红酒篮　　　D. 香槟桶

2. 红葡萄酒的斟酒量一般是酒杯的（　　）

　　A. 4/5　　B. 1/3　　C. 2/3　　D. 1/2

3. 试饮红葡萄酒时，侍酒师应从主人右侧向主人酒杯注入（　　）

　　A. 1/5　　B. 1/2　　C. 1/10　　D. 1/3

活动3　白葡萄酒侍酒服务

【学习目标】

了解白葡萄酒侍酒服务程序。

【情景模拟】

一天晚上，小李见证了侍酒师助理小马为客人推荐酒水的一幕：一位客人点了青口后，向小马咨询搭配什么酒更好。

小马："我建议您选澳洲猎人谷赛美蓉来搭配，因为赛美蓉口感清爽，酒精中等，适合搭配海鲜类的食物。"

客人根据小马的建议品尝后，对小马的推荐表示赞许。

下面，请跟随小李一起学习白葡萄酒的侍酒服务。

【相关知识】

一、准备工作

宾客点酒后，侍酒师去酒窖取酒，准备好冰桶（冰桶中放入冰块和水）。把白葡萄酒商标朝上斜放入冰桶中，将一条折叠成条状的餐巾横放在冰桶上面，然后把冰桶放在餐桌旁。

二、展示白葡萄酒

侍酒师用右手把白葡萄酒从冰桶中取出，左手拿起叠成长条状的餐巾托起瓶底，商标朝向主人，请主人确认酒水后，将白葡萄酒重新放回冰桶中。

三、开启白葡萄酒

- 打开酒刀,左手扶住瓶颈,右手用酒刀把瓶口处的锡纸切割开,用刀片沿着离瓶口约1.5厘米处的凸缘下方均匀地划一圈后,取下锡箔。切割锡纸时注意围绕瓶口旋转,分两次进行。

- 收起酒刀,并用洁净的餐巾擦拭瓶口处。

- 将开瓶器的酒钻插在软木塞中心点位置,旋转进入,方向保持垂直。

- 打开杠杆并卡在瓶口处,左手抓紧杠杆和瓶口,右手用力提起酒钻,拔出约4/5木塞,右手捏住木塞轻轻拔出。

- 将木塞从酒钻中扭出,检查木塞气味,然后将木塞放入小碟中,放在主人白葡萄酒杯右侧约1~2厘米处,供客人查验。

- 用餐巾再次擦拭瓶口。

四、为客人斟酒

侍酒师用餐巾上下包裹酒瓶,商标朝向主人,从主人右侧向酒杯注入1/5的酒液,请主人品尝。

得到主人认可后,侍酒师从客人右侧按顺时针方向做斟酒服务,一般按西方习俗遵循女士优先、年长者优先、先宾后主的原则,依次为客人倒酒。

斟酒时,酒标须始终朝向客人,将白葡萄酒斟至酒杯1/3处。每斟完一杯酒,都要将酒瓶按顺时针方向轻轻转一下,并用口布擦拭瓶口,避免瓶口的酒液滴落在台面上。

斟完酒后,将酒瓶放回冰桶中,将两条口布折叠成长方形,交叠放在冰桶上。

五、葡萄酒的侍酒温度

在适当的酒温下提供葡萄酒侍酒服务,对客人品尝葡萄酒至关重要。如果操作正确,葡萄酒能散发出迷人的清香和芬芳,而合理的温度能使酒的甜度或是酸度更加符合饮用口感。下面为大家介绍几种葡萄酒的饮用温度。

红葡萄酒的侍酒温度　总的来说,红葡萄酒的侍酒温度在13~18℃。在这个温度下,酒液中的酚类物质不会过快氧化,能够将其风味保留较长时间。但是,红葡萄酒的侍酒温度也不能一概而论。类似博若莱新酒这种酒体轻、果味为主的红葡萄酒,侍酒温度为13℃左右;而一些酒体中等的红葡萄酒的侍酒温度为16℃左右,例如金粉黛葡萄酒、奇昂第葡萄酒等;赤霞珠、西拉、梅洛等这些酒体厚的葡萄酒的侍酒温度则在17~18℃。

■ 葡萄酒知识与侍酒服务

白葡萄酒的侍酒温度 有经验的人都知道，白葡萄酒宜冷藏饮用，但温度并不是越低越好——温度如果太低，会将白葡萄酒原本的芳香与风味禁锢住。同样，不同的白葡萄酒有着不同的侍酒温度。轻酒体的白葡萄酒，例如阿尔萨斯的雷司令就需要充分冰镇后再提供给客人，才能达到最佳的口感；而酒体中等到饱满的白葡萄酒，如琼瑶浆等，则只需轻微冰镇即可。总的说来，大多数白葡萄酒的理想侍酒温度为10~13℃，在室温下储存的白葡萄酒，应该提前30~60分钟放入冰桶中降温。

起泡酒的侍酒温度 起泡酒的侍酒温度比白葡萄酒的更低一些，一般为7℃左右。

加强酒和甜酒的侍酒温度 由于加强型和甜型葡萄酒的风格较为复杂，所以这类葡萄酒的侍酒温度差别较大。一般说来，酒体轻、果味浓且年轻的葡萄酒，其侍酒温度应该稍低，而那些陈年的、酒体重而结构复杂的葡萄酒，其侍酒温度则应该略高。

【延伸阅读】

为什么部分葡萄酒瓶底有凹陷？

葡萄酒瓶底凹陷的设计，可以让瓶子底部不容易因瓶内压力而破损。对气泡酒（尤其是香槟）来说，凹底瓶是非常重要的。

其次，这种设计可确保倒酒时瓶内沉淀物不容易被搅起。葡萄酒瓶底凹进去的作用主要是方便沉酒，不浪费酒液。当直立放置时，沉淀物就掉到瓶底的凹槽

大部分葡萄酒瓶底都有凹陷设计

里面了，倒酒时只要小心一些，就可以避免过多地浪费酒液了。

再有，可便于侍酒师将拇指插入瓶底，以其余3~4根手指尖跟瓶身接触，将整瓶酒举起进行倒酒。这一姿势可防止手掌的掌温使葡萄酒的温度升高。

【课后练习】

一、选择题

1. 白葡萄酒的斟酒量为（ ）

　　A. 4/5　　B. 1/3　　C. 2/3　　D. 1/2

2. 白葡萄酒侍酒服务前，应准备好酒刀、餐巾和（ ）。

　　A. 冰桶　　B. 酒刀　　C. 红酒篮　　D. 席巾

3. 白葡萄酒的侍酒温度一般为（ ）

　　A. 12～20℃　　B. 6～14℃　　C. 18～20℃　　D. 8～14℃

二、案例讨论

1. 在某五星级酒店的西餐厅中，马女士点了巧克力慕斯作为下午茶，随后让侍酒师助理小李推荐一款酒作为其搭配。由于小李并没有事先了解该女士之前已经点的下午茶是什么内容，便急忙将酒店库存的新西兰黑皮诺推销给了客人，马女士尝试后，感觉十分不悦，便将小李叫过来质询：

　　马女士：你们这个酒是不是有问题？怎么口感会那么酸涩！我要退了你们这瓶酒。

　　小李望了望桌面上的巧克力慕斯，立刻明白了为什么马女士会有如此大的反应，但是酒已经开了，这让他一时不知如何是好。

　　请问小李在服务的过程中出现了什么问题？你觉得这个搭配的失误在什么地方？如果你是小李，你将如何处理这件事情？

2. 客人李先生点了一支琼瑶浆作为晚宴最后搭配甜品的酒款，但因侍酒师小马没有和助理交代清楚，对方直接就将还未完全冰镇的琼瑶浆拿给客人饮用。作为一名资深酒客，李先生很快便发现了其中的不妥，很不满意小马的服务。

　　如果你是侍酒师小马，会如何处理此事？

　　尝试根据此事的正确做法进行一次实践。

活动4 加强葡萄酒侍酒服务

【学习目标】

了解加强葡萄酒侍酒服务程序。

【情景模拟】

一天晚上,一位客人点了香草慕斯蛋糕,同时向刚升职为侍酒师的小马咨询应该搭配什么酒更好。

小马:"我建议您选Pale Cream雪莉酒来搭配,因为它的甜度较高,与甜点类的搭配较为合适。"

客人听了小马的建议,决定尝试一下。客人就餐品尝之后对小马的推荐深表赞许。

下面,让我们跟随小马一起,去学习加强酒的侍酒服务。

【相关知识】

一、加强葡萄酒侍酒服务流程

宾客在吧台或就餐时,都有可能会点加强葡萄酒,一般以零杯出品较多,应按以下程序为客人提供服务:

- 从酒窖中取出客人所点的加强葡萄酒。
- 将该加强酒置于冰桶中,冰冻至正确的侍酒温度。
- 酒标朝向客人展示整瓶强化葡萄酒,以便让客人确认品牌。
- 为客人提供倒酒服务。一杯强化葡萄酒的标准量为2盎司。
- 把剩余的强化葡萄酒盖上软木塞放回冰桶中。
- 当客人杯中的葡萄酒剩余不多时,应及时询问是否需要续杯。

二、老年份波特葡萄酒开瓶

一些陈年了几十年的老年份波特酒的木塞，会由于年久而腐朽，且波特酒含有一定的糖分，木塞容易粘结在酒瓶上，从而使瓶塞变得潮湿脆弱，如果使用一般的开瓶器，则开瓶时易发生断裂，污染酒液。针对这种情况，我们可以用波特钳来进行开瓶。

1. 波特钳简介

波特钳（Port tongs），因外形酷似一把火钳而得名。主要是利用玻璃热胀冷缩的原理直接在酒瓶的瓶颈木塞下部"砍脖子"。通常只要加热温度的时间足够长，波特钳的温度足够高，瓶塞都会比较迅速断开，所以不必担心会有碎玻璃不小心掉入到酒里。

2. 波特钳的使用方法

使用波特钳前，为确保瓶中的沉淀物都落到瓶底，需将加强酒直立放置一段时间。

准备好工具：一杯带冰块的冰水，一个醒酒器，一节为老酒滗酒时要用到的光源——蜡烛，一块干净的布，一张咖啡滤纸，一片羽毛。最后，还需要备好最关键的一柄"神器"——波特钳。

先观察一下老波特酒瓶颈处酒液的高度。确认后，把波特钳放在火上烤至发红发热，然后以其弧状头部夹住老酒的瓶颈处（尽量高过瓶内酒液液面），保持加热1分钟左右。

约1分钟后，取出羽毛在冰水杯里蘸湿，然后轻轻拂过加热过的部位，温度已达几百度的玻璃就会因为突然受热不均而在瓶颈处齐齐断开，一瓶老酒就这么轻松开启了。

当然，我们还可以使用一种较为保守的开瓶方法：用浸过冰水的干净的湿布包住加热过的部位，也可以让瓶颈断裂；如果是豪迈一些的做法，则可以像用香槟刀劈开香槟一般，用冰块轻轻一敲，所收到的效果是同样的。当然有的时候，用波特钳加热的过程中瓶塞就已经断开了。

滗酒。使用以上夹断酒瓶的方法开瓶，如果担心会有玻璃渣掉进酒液中，那么，我们可以通过以下步骤来"滗酒"：

A　先尝一口，确定酒液未变质损坏后，点亮蜡烛。

B　如果打开的年份波特酒是未经过滤便在瓶中陈年的，那么需在醒酒器口装上咖啡滤纸以帮助过滤酒中的沉渣；在烛光前缓缓将酒液倒入滗酒器中，直到通过蜡烛透过瓶口的光看到沉淀物为止。整个过程的关键是手要稳，速度要慢，避免任何会扰乱酒流的波动，这样才可以让酒液慢慢地流入醒酒器，而不带入沉渣。

三、雪莉酒侍酒方法

在西班牙赫雷斯产区，有一种特殊的侍酒方法：以雪莉酒侍酒器Venencia来斟酒。

使用这种方法的人被称为斟酒师（Venenciador），他们是雪莉酒产区至今所发现最古老、最传统，同时也最本土的行业之一。

Venencia之名，来源于西班牙语的"avanencia"（协议）一词。因为雪莉酒在刚开始投入生产的时候，就一定要取样品来进行试饮，买卖双方才能在价格上达成协议，而Venencia正是确定价格时必要的斟酒工具。

Venencia的杯子部分容量为50 ml，底部为半球状，过去是银制的，后来出于食品安全的考虑，改成了现在的不锈钢材质；手柄部分长约1米，往往使用弹性和韧性俱佳的鲸须制作，但由于这种材料较为稀缺，又考虑到成本等原因，现在多用塑胶等材质代替。它富有弹性的长柄能完美地穿过酒桶间狭小的缝隙，取出木桶中央部分澄清的酒液。

除了供卖家品尝时需要用Venencia取酒，在雪莉酒的整个生产过程中，酿酒师也常常需要取出每个桶里的酒样进行品尝，以便检查酒的品质，因此，几世纪以来，人们都是借助于斟酒师之手，帮助酒庄的负责人和试酒员取得酒液样本，再从很高的高度上将酒倾倒入品酒杯中，让酒样充分接触空气、撞击杯身的同时，进一步完全展开其风味。

【延伸阅读】

认识葡萄酒瓶底的沉淀物

葡萄酒中出现的沉淀物主要来自两个方面。首先是葡萄酒经陈化后自然产生的沉淀物。葡萄酒是通过酵母的作用，把葡萄汁内的糖分转化成为酒精的，酒瓶底端的沉淀物正是这瓶酒中酵母先驱的遗物。出现沉淀物是葡萄酒成熟的标志，因为影响葡萄酒口味的不稳定物质已从酒液中分离出来，从而使葡萄酒液变得更加纯净，酒味结构更加稳定，口感也更加醇厚润滑。可以这么说，沉淀物的产生是葡萄酒整个生产过程中的一个必经阶段。

另一方面，沉淀物也来自葡萄酒结晶石，主要构成物质是酒石酸盐（Tartrate crystals）。这些结晶是葡萄酒中的一些不稳定物质在一定环境下生成的化学物质。当然，如果温度过低，也可能会导致澄清的葡萄酒中结出酒石酸结晶。总体来说，它们是酒在酿成过程中形成的一种无害的盐类。它们的存在，从另一个角度证明了酿酒师对产品的处理并无矫饰，故为人们所乐见。酒石酸盐尝起来有点苦，斟酒至接近瓶底时，需特别小心。

沉淀物通常不仅能表明一款酒陈酿了很多年，也可以看出酿酒师为了保持葡萄酒的品质和特色所付出的心血，说明酿制过程中没有或者很少使用过滤设备。

【课后练习】

一、选择题

1. 葡萄牙的波特酒（Port）一般用作（　　　）酒。

　　A.餐后甜点　　　B.餐前开胃酒　　　C.佐餐酒　　　D.餐后酒

2. 干型的马德拉酒一般用作（　　）酒。

　　A.餐后甜点　　　B.餐前开胃酒　　　C.佐餐酒　　　D.餐后酒

3. （　　）酒可以用作酱料、甜点、烩饭（risottos）的调料酒。

　　A.雪莉酒　　　B.波特酒　　　C.玛莎拉酒　　　D.法国天然甜酒

二、情景演练

　　某五星级酒店中，李小姐在大堂吧点了一杯菲诺雪莉酒，作为服务她的侍酒师，请你将完整的出品服务流程演示出来。

活动5 甜葡萄酒侍酒服务

【学习目标】

了解甜葡萄酒侍酒服务程序。

【情景模拟】

酒店西餐厅的侍酒课程。

王经理:"甜葡萄酒出品有什么需要注意的?"

小李:"甜葡萄酒需要先冰冻再出品。"

小麦:"甜葡萄酒需要搭配甜品。"

王经理:"你们都掌握得不错,但甜葡萄酒除了搭配甜品以外,也可以搭配蓝纹芝士和香煎鹅肝等食物。"

下面,让我们一起学习和了解甜葡萄酒的侍酒服务程序。

【相关知识】

一、甜葡萄酒的历史

甜葡萄酒的历史要比其他葡萄酒酒类来得久。从古埃及文明一直到希腊文明,人们所饮用的酒大多是甜酒。根据记载,早期希腊人会把酒用水(甚至于海水)稀释后再加上香料一起饮用。而古罗马人为了怕酒坏掉,会把葡萄汁在发酵前先煮过,这样,不但葡萄汁的味道变得比较浓郁,而且氧化后的酒保存时间会变长许多。

近代甜酒的发展则是从托卡伊开始的。中世纪,许多葡萄农从意大利和比利时移居到托卡伊,到15世纪末,托卡伊阿苏出现。但是一直到公元1562年,匈牙利主教把它当做礼物送给教皇四世后，托卡伊阿苏才开始名声大噪，成为国王和贵族们宴会上不可缺少的美酒。

德国的贵腐酒则是在1775年因为报信人延误了采收时间才被发现的。直到1830年，苏玳某个酒庄的主人把在德国学到的贵腐酒酿造技术带回波尔多后，才开始有法国贵腐酒。

在这期间，南非开普敦生产的甜酒也曾在英国和欧洲各地造成一股风潮，拿破仑和当时的俄国沙皇都是这种甜酒的追随者之一。后来很多生产甜酒的酒厂因为根瘤蚜虫病而遭受了极大的损失，历经多年后才回复到以前的繁华景象。

二、甜葡萄酒侍酒服务

甜葡萄酒适合单饮，通常可以与各式餐后甜点搭配。不同风格的甜葡萄酒搭配不同的甜点，可以更凸显其别样的风味。

下面以冰酒为例，介绍其侍酒方法：

- 冰酒的侍酒温度在5~7℃之间最好。冰酒如果太冷，就会失去了最精致的芳香；如果温暖太高，冰酒就会失去它的清爽度，也会把甜味放大到令人难以接受的程度。

- 冰酒服务前应在冰箱里存放1个小时，再在室温下放置大约10分钟。

- 甜葡萄酒的开启方式与干白葡萄酒大致相同，它的斟酒量一般在2~4盎司之间，饮用前酒杯宜放在冰箱里冷藏大约10分钟，这样以利于保持最佳酒温。

- 在搭配上，甜品一定不能比甜葡萄酒更甜，否则甜葡萄酒喝起来就会变得很酸，体现不出甜酒的风味。布丁和蛋挞都是不错的甜酒伴侣，其淡淡的甜味能够很好地烘托甜酒的味道。

【延伸阅读】

如何储存未喝完的葡萄酒

葡萄酒的氧化实际上从开瓶的那一刻就开始了。有好几种方式可以减缓这一过程，比如使用真空保险瓶塞，可以将瓶中的空气除掉。只要将塑胶瓶塞塞进瓶口，形成气密密封，然后将泵放在瓶口，推动几下，抽出瓶中残留的氧气即可；也可以放入冰箱中，这样的葡萄酒可以保存三天左右。一般来说，较浓郁、酒精含量较多的葡萄酒比起较清淡、含酒精较少的葡萄酒，其保存时间更长。

还有一种方式是用惰性气体来隔离空气与葡萄酒，以防止氧化。这种气体是无味的，任何的瓶塞都可以使用。只要往酒瓶中充入不易反应的惰性气体，就不易引起氧化。氮气和氩气是保存葡萄酒时的常用选择。只要将这两种惰性气体喷进打开的酒瓶中即可，由于惰性气体比氧气重，因此它会沉降下去并覆盖在葡萄酒表面。之后盖上软木塞。根据葡萄酒的不同类型，充入的惰性气体将会使开瓶后的葡萄酒保质期延长到大约五天。

【课后练习】

1. 进行葡萄酒服务时，酒标应始终（　　）。
   A. 朝向窗户　　B. 朝向客人　　C. 朝向斟酒者自己　　D. 朝向餐厅服务员
2. 下面哪种食物适合搭配甜葡萄酒？（　）
   A. 牛排　　B. 蛋糕　　C. 三文鱼　　D. 白切鸡

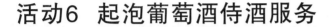

活动6　起泡葡萄酒侍酒服务

【学习目标】

了解起泡葡萄酒的侍酒服务程序。

【情景模拟】

一天下午，一位客人点了一瓶香槟，刚过实习期的小王问侍酒师小马："这个香槟开之前要大力摇晃一下吗？"

小马："千万不要摇晃，不然等一下在客人面前开的时候就会'砰'的一声影响其他客人用餐了，你跟我过来学一下吧。"

接下来，让我们一起学习起泡酒的侍酒服务。

【相关知识】

一、起泡酒瓶塞

在对起泡葡萄酒的服务流程进行学习之前，我们先来了解一下它的特殊瓶塞。

起泡酒的酒塞是用多种不同类型的软木制成、再用特定的胶水进行粘合的，与主体相连的部分由两三个软木组成，延展性非常好。起泡酒的酒塞直径一般为31毫米，当它被压到18毫米的时候才能被塞进去，塞进去之后，它会继续膨胀，对酒瓶颈部产生压力，防止二氧化碳的流失。起泡酒的酒塞在被塞入酒瓶之前也是圆柱形的，被塞入之后，最里面的部分会吸收一部分二氧化碳，发生膨胀，这样，当我们开启起泡酒时，看到的就是蘑菇状了。

把香槟塞从瓶中取出来之后，由于塞子的主体部分也会自然伸展、膨胀，所以很难将它再塞回去。一般来说，香槟塞的膨胀程度越高，就说明其质量越好。

二、起泡酒侍酒服务

- 把起泡酒斜放入已装满冰和水的冰桶中，将一条折叠成条状的餐巾横放在冰桶上面，然后把冰桶放在餐桌旁。

- 侍酒师右手把起泡汽酒从冰桶中取出，左手拿起叠成长条状的餐巾托起瓶底，酒标朝向主人，请主人确认酒水后，再将起泡酒重新放入冰桶中。

- 用酒刀把瓶口锡纸割开去除，收起酒刀，取下瓶子上的锡纸封盖。

- 逆时针旋转铁丝圈6下松动铁丝圈。

- 把餐巾垫在瓶塞上，用手握住。用另一只手小心地扭动瓶子（而不是瓶塞），让瓶内的压力把木塞顶出。侍酒师随即向客人展示拔出的瓶塞。

- 在主人的酒杯里倒入1/5起泡酒请其品尝，主人认可后，侍酒师从客人右侧按顺时针方向依次倒酒，一般按西方习俗遵循女士优先、年长者优先、先宾后主的原则。

- 斟酒时，侍酒师右手握住瓶身中下部，将酒水慢慢倒入杯中，由于起泡酒泡沫较多，每杯酒需要分2次斟倒。斟酒时，酒的商标应始终朝向客人。

- 斟完酒后，侍酒师将酒瓶放回冰桶。两条口布折叠成长方形，交叠放在冰桶上。

三、其他起泡酒开启方法

1. 喷洒式开法

在某些特别的庆祝场合，需要制造一种特殊的开瓶喷洒效果，以烘托气氛。在这种情况下，侍酒师需指导客户先打开铁丝环并取下，再摇晃起泡酒瓶子，让酒液冲开酒塞，气泡喷洒而出。使用这种开法时，需注意起泡酒塞子勿朝向人群，否则容易造成受伤。

2. 香槟刀开法

用香槟刀劈香槟这个传统，一般被认为源自18世纪的拿破仑战争时期。当时拿破仑的主战兵种骠骑兵的武器就是马刀。据说当军士们凯旋时，市民们都会奉上香槟。因为马背上的士兵们紧攥缰绳，很难腾出手来拔瓶塞，干脆拔出军刀快速砍下，一次性除去瓶塞。

现在，如果我们使用香槟刀开启酒瓶，要注意：

- 建议使用专业香槟刀开启，用钝的刀背开瓶较好；

- 在开启前，将铁丝环取下；

- 找到玻璃瓶的结合处的缝隙，沿着缝隙往瓶口处劈去，此时瓶口薄弱处会裂开，连同瓶塞和部分玻璃弹射而出；

- 注意不要朝向人群；

- 起泡酒内的气压会把所有碎玻璃都喷走，所以请放心饮用。

【延伸阅读】

如何快速冰镇葡萄酒

经过一番系统的学习，我们知道葡萄酒需要在合适的温度下才会得到最好的口感。以下这些方法可以帮助我们快速冰冻葡萄酒：

冰桶+盐：在冰桶里加入三分之二的冰块和水，再往里面加盐，会起到更好的冷冻效果，一般5~10分钟内就可以冰镇好一瓶白葡萄酒。这是因为盐能使冰块的熔点降低，融化的速度加快，而冰块融化会吸收热量，这样冰桶里的温度会更低，白葡萄酒冰镇的速度也会加快。

冰箱冷冻+湿纸巾/湿餐巾布：在酒瓶外面裹上湿纸巾或湿餐巾布，可以加快冰镇的速度。因为湿纸巾/湿餐巾布导热性能更好一些，白葡萄酒的热量可以通过湿纸巾/湿餐巾布快速地导出，冷气也可以通过湿纸巾/湿餐巾布快速地到达酒瓶。

冰箱+酒杯+玻璃板：将少量白葡萄酒倒入酒杯，迅速盖上玻璃板，防止香气挥发，再将酒杯放进冰箱里（冷藏室或冷冻室里，自行把握分寸），这样几分钟之内就可以达到白葡萄酒的适饮温度。

但是，有时候可能冰镇时间过长，也会导致葡萄酒的风味被压抑住，那该如何解救呢？

如果是冰镇温度非常低，但是并未结冰，对葡萄酒的品质无影响，这时只需将葡萄酒放置在常温下10~20分钟，待温度上升后再饮用。

如果葡萄酒已结冰，那么即使解冻后，也无法恢复原来的口感。这是由于水分与葡萄酒内的一些物质发生分离，对葡萄酒的品质和口感产生了影响。

起泡酒 A 字架

葡萄酒知识与侍酒服务

【课后练习】

一、判断题

1. 香槟就是起泡酒。　　　　　　　　　　　　（　　　）

2. 香槟酒一般使用平底高杯。　　　　　　　　（　　　）

3. 加强酒的侍酒温度都在17℃以上。　　　　（　　　）

4. 起泡葡萄酒开瓶时不能对着客人。　　　　（　　　）

二、情景演练

在某五星级酒店中的扒房正在进行晚餐，作为主人的李先生点了一瓶1.5ML的起泡酒作为餐前酒饮用。侍酒师小马按照操作程序将起泡酒打开，并依次为12位来宾进行斟倒，但是由于斟倒的用量没有掌握好，倒到最后一杯的时候已经没有酒了，气氛突然显得有些尴尬。

如果你是侍酒师小马，你会如何处理上面这种情况？同时你认为应当怎样避免上述情况的出现呢？

活动7　单杯葡萄酒侍酒服务

【学习目标】

了解单杯葡萄酒侍酒服务程序。

【情景模拟】

晚饭时候，客人点了一杯西餐厅的招牌酒（House Wine），实习生小王从工作台里拿出一瓶未开封的新酒问侍酒师小马："需要开瓶新酒给客人吗？"

小马："不用开，我刚刚开了一瓶，倒了2杯，冰箱里还有大半瓶，你先把那瓶未开的放回去。"

接下来，让我们一起学习单杯葡萄酒的侍酒服务知识。

【相关知识】

一、单杯葡萄酒与其定价方式

一般专业的西餐厅，单杯葡萄酒一般都会选用餐厅的招牌酒（House Wine），且至少会有红、白葡萄酒各一款，方便就餐人数较少（1~2人）的客人点选。甚至在一些以葡萄酒为卖点的餐厅，为了方便客人点选不同的葡萄酒来配搭不同的菜式，他们会选取多达10款以上的红、白酒款作为招牌酒。

单杯葡萄酒的分量一般为1/6瓶标准葡萄酒，标准定价为单瓶葡萄酒的1/4。这是因为单杯葡萄酒有时候未能完全卖完，所以售价必须比单瓶出售的葡萄酒贵些。如果一瓶葡萄酒在西餐厅售价为300元，如果按单杯出售，售价则为75元。

二、单杯葡萄酒的侍酒服务程序

当客人点了单杯葡萄酒后，侍酒师应按以下流程为客人提供服务：

● 酒标朝向客人展示整瓶葡萄酒，让客人确认品牌。

● 为客人倒入1/5杯，请客人确认酒质，如果客人满意，则按标准程序为客人提供倒酒服务。

● 请客人品尝葡萄酒。

● 把剩余的葡萄酒盖上软木塞（或拧上螺旋盖），放回冰箱中。

● 当客人杯中葡萄酒剩余不多时，应及时询问是否需要续杯。

● 如客人不需要续杯时，及时为客人撤下空杯子。

● 如果客人点选了多款单杯葡萄酒，则在倒每一杯葡萄酒前，都需要重新为客人换上一只新酒杯，以免串味。

三、单杯葡萄酒出品注意事项

客人点用单杯葡萄酒时，如果没有已开启的葡萄酒，就应拿出一瓶未开启的新葡萄酒，在客人面前进行开启，然后再给客人斟酒；如果是已开启的葡萄酒，可以直接给客人斟酒。每杯葡萄酒的斟酒量一般按照1/6瓶的份量斟酒或根据酒店相关规定处理。

其他注意事项：

● 要用右手拿酒瓶，拿瓶的时候要握住瓶子的底部；

● 每一杯酒斟完后都要转动酒瓶，并用口布擦拭瓶口；

● 为客人添酒时要提前询问客人是否还需继续添酒；

● 撤换酒杯时，尽量使用托盘服务。

【延伸阅读】

招牌酒的选择

招牌酒（House Wine）是指酒店、酒家、餐厅日常供应的制定餐酒。从形式上看，招牌酒就是一杯一杯卖的葡萄酒。但是如果你只知道招牌酒的形式，那你还算不上了解招牌酒。相比于招牌酒的形式，它的内容其实更有趣。你不妨思考一下：为什么餐厅会卖招牌酒？

"和这个餐厅的食物融为一体"才是招牌酒的关键所在。由于被赋予了这样一个重要使命，每个餐厅自然就会非常慎重地选择自家的招牌酒。一般都是餐厅的老板亲自品尝挑选，或者请专业的侍酒师一一品尝过后决定的。

让每个人都能轻松享用是招牌酒的原则，所以，招牌酒的性价比是比较高的。有的时候招牌酒也会成为判断一家餐厅的标准。对食物和葡萄酒略知一二的人，都会认为招牌酒性价比高的餐厅，其食物也会好吃。所以有的时候，招牌酒也可以作为餐厅老板品味的一种象征。

另外，招牌酒的最大好处就是方便不懂葡萄酒的客人点酒。即便你对葡萄酒没有任何概念，也不用担心因点错酒而尴尬，也不会出现点酒时丢人的情况。你只需要记住一句"招牌酒"，一切就可以完成了。

【课后练习】

一、判断题

1. 单杯葡萄酒出品后剩下的酒液可由服务员喝完，避免酒液变质。（　　）
2. 单杯葡萄酒的斟酒量在1/8瓶。（　　）
3. 一瓶葡萄酒全部按单杯葡萄酒售卖，可以卖出150%的价格。（　　）

二、情景演练

在某五星级酒店中，李女士点了一杯勃艮第红葡萄酒，请你以侍酒师的身份进行单杯葡萄酒侍酒服务演练。

活动8　客户投诉葡萄酒

【学习目标】

了解如何处理客户关于葡萄酒的投诉。

【情景模拟】

　　客人示意侍酒师小马过来，然后指着刚刚小李给他上的那瓶2013年的波尔多列级庄葡萄酒说道："你觉得这么新的列级庄可以喝吗? 我喝了一口，觉得非常涩，剩下的退回去吧，我不要了。"

　　小马："先生，如果您觉得这款酒非常涩的话，我可以用醒酒瓶帮您醒酒一小时，单宁的涩感就没有这么强了。另外再给您送上一杯我们的招牌酒，您看这样可以吗?"

　　"好吧，不过再过一个小时，我应该已经用完餐了，还怎么喝完这瓶葡萄酒啊?"

　　"没关系，等下我给您送点坚果和芝士吧。"

　　"好吧，就这么办。"

　　接下来，让我们具体学习一下如何正确处理客户对葡萄酒的各种投诉。

【相关知识】

一、常见的客户投诉问题

1. 客户抱怨葡萄酒有毛病

这种情况并非经常发生，但作为一名合格的侍酒师，需要知道当这种情况时，应如何处理。如果在询问了具体情况且亲自品尝后，确实发现酒有问题的，应该马上为客人更换一瓶新的葡萄酒以及葡萄酒杯。侍酒的程序依旧是从展示标签开始，重复开瓶的程序。

　　在满足客人的葡萄酒选择、完成侍酒服务后，侍酒师应及时将事件报告给相应的主

管或酒水管理员，以便记录流失情况。

2. 客人杯子里有软木塞碎屑

这种情况通常表明软木塞没有被清洁干净。一瓶有年份的葡萄酒，它的软木塞有可能会十分易碎，开启时可能会掉些碎屑在酒中。

如果发现客人的葡萄酒杯里有木屑，你应当为客人更换另一个葡萄酒杯，同时用醒酒瓶做一个滗酒服务。

3. 客人不接受的葡萄酒

如果客人不接受端上来的葡萄酒，就应询问他们是否另外拿上来一瓶。作为侍酒师的你不应当质疑客人的正当要求，但了解一下被拒绝的酒有什么问题是很有必要的。根据餐厅制定的规矩，客人可以或不必为此支付费用。

拥有昂贵葡萄酒的餐厅经常采用一种不同寻常的方法进行葡萄酒服务：当客人点了一瓶昂贵的葡萄酒后，侍酒师或经理应当亲自到客人餐桌边，向客人说明购买这瓶酒的条件。例如，"您点的1898年的Chateau Lafite Rothschild葡萄酒，是一个最佳选择。不过由于这瓶酒存放历史悠久，本店无法保证酒的质量，如果我们为您打开这瓶酒，您将必须付款。"这样，客人就会自己把握最终是否购买这瓶葡萄酒。

二、客户关于葡萄酒的常见问题

1. 我点的是一瓶进口酒，为什么背标会是中文的呢？

根据中国法律法规的要求，进口葡萄酒进入中国销售必需加贴中文标签。有的进口葡萄酒的背标上有两层，一层外文，一层中文；有的只有一层中文背标。如果是直接贴了中文背标的葡萄酒，那就说明这款葡萄酒在我国的销售比较稳定。

2. 我喝完这瓶葡萄酒后，牙齿和舌头发黑，不会是勾兑的假酒吧？

葡萄酒在酿造的过程中就有一个"浸皮"的过程，通过带皮浸泡，令葡萄皮中的色素萃取到葡萄酒当中，也增加葡萄酒的单宁和多元口感，这种葡萄皮中的颜色百分百都是天然的。会在口腔中留下颜色，一般说明这酒的酿酒葡萄成熟度好。一般来说，在温暖地区生长的葡萄成熟度比较高，也会显得重口味一点。

3. 你这瓶酒喝起来怎么像是没经过橡木桶陈酿的，你居然用这种便宜货来糊弄顾客？

欧盟对橡木桶的使用要求很严格。世界上只有15%的葡萄酒是经过橡木桶陈酿的，而且有的葡萄酒根本不适合用橡木桶陈酿，所以并不是说没经过橡木桶陈酿的葡萄酒就是质低价廉的。有的葡萄酒如果用橡木桶进行陈酿，可能反而会被橡木桶抢走葡萄本身的香气。

葡萄酒知识与侍酒服务

【延伸阅读】

侍酒师大师（Master of Sommerlier）

在侍酒师中，还有一小群人，他们不但是精英中的精英，更可以像魔法师一样让客人享受到前所未有的奇妙体验，他们就是全球为数不多的侍酒师大师（Master of Sommelier，简称MS）。美国侍酒师大师协会主席格雷格·哈林顿（Greg Harrington）表示："侍酒师大师是葡萄酒界的卓越群体，'侍酒师大师'的称号代表着他们在葡萄酒专业知识、品酒能力以及侍酒能力上已达到顶峰境界。"

要想成为一名集品酒师的嗅觉、侍酒师的才干和酿酒师的智慧于一身的侍酒师大师，不仅需要具有惊人的天赋，还需要有顽强的毅力，因为要成为一名侍酒师大师，需要通过4个等级的考试（IS、CS、AS、MS），并且这4个级别的考试越往后，难度越大，需要的准备时间也越长。侍酒师大师的考试是世界上最难取得的资格考试，一般通过率仅为8%。每年，侍酒师大师考试将在美国举行两次，在英国举行一次。2013年7月，在美国举行的侍酒师大师考试的通过率仅为1.43%。目前中国仅有一位侍酒师通过考试成为了侍酒师大师，他就是吕杨（Yang Lu）。

【课后练习】

一、判断题

1. 客人投诉你的葡萄酒有问题，你应该马上为客人更换一瓶新的。（　　　）
2. 发现给客人倒入的葡萄酒中有软木塞的碎屑，可以用勺子直接舀起。

（　　　）

二、案例分析

当客人选择了色、香、味俱佳的意大利主餐后，决定点一瓶佐餐的Melani Chianti葡萄酒，侍酒师在接受客人的订酒单时，一再告诉客人把葡萄酒名字的音发错了，引起客人的不满。你认为侍酒师哪些方面做得不对？为什么？正确的做法是什么？

模块四

侍酒师高级技能

活动1　葡萄酒酒会服务：会前准备工作

【学习目标】

　　1. 了解葡萄酒酒会前的准备工作。

　　2. 初步掌握葡萄酒酒会的策划案。

【情景模拟】

　　酒店接到了今年WINE100巡展的活动，餐饮部黄总监召集宴会部谭经理、西餐厅李经理和酒吧王经理开会。

　　黄总监："WINE100 葡萄酒大赛是首个立足中国消费者的专业葡萄酒比赛，这次获奖酒在我们酒店举办巡展，的确是一次重要的活动。我想请在座三位经理分工合作，借这次机会提升我们员工的业务水平。"

　　谭经理："在酒会策划及场地布置方面，我们宴会部已撰写了一份策划案初稿，请各位提提意见。但部门员工对葡萄酒不太熟悉，能否请西餐厅和酒吧协助一下？"

　　李经理："这个当然没有问题，我们西餐厅新培养了几位侍酒师，正好让他们负责现场活动，也顺便在活动前做做员工培训。"

　　王经理："酒吧也能派几名员工协助，另外，现场冰块用量较多，我们酒吧可以提早帮宴会预备好。"

　　黄总监："看来几位早就心里有数了，这次活动一定要办成功，吸引更多的葡萄酒酒会选择我们酒店来办。"

　　葡萄酒酒会是一种亲朋好友、商业伙伴欢聚的创意性活动，不管是盲品活动还是葡萄酒沙龙等，都需要精心周密地组织，才能让参加的宾客获得宾至如归的感觉，各达所愿，获得"双赢"的效果。

【相关知识】

一、葡萄酒酒会的策划案编写

接受到筹备葡萄酒酒会的工作任务后,首先要按照酒会的具体要求编写策划案。策划案应该包括以下内容:

- 酒会的主题;

- 酒会的目的和意义;

- 酒会的参加对象及其情况;

- 酒会的人数、时间、地点、定位、内容、重点;

- 酒会的程序,包括签到台、酒架等装饰物的设计,以及是否有乐队表演,是否有抽奖环节等;

- 酒会选用的葡萄酒的品种和数量;

- 酒会的费用预算;

- 酒会的人员安排;

- 酒会布局图;

- 酒会所需要的杯具数量;

- 酒会所需要的其他物品,例如清洁口腔用的水和面包、冰桶、酒桶、托盘、口布、纸巾、台布、开瓶器等。

二、葡萄酒酒会的工作人员安排

根据葡萄酒酒会的规模、形式、目的和宾客人数设定葡萄酒酒会工作人员,包括酒会管理人员、侍酒师和酒会服务员。不同规模的酒会因工作量的不同,所设置的临时吧台数量和人员也有所不同,应依据实际情况而定。一般来说,应按以下方面来进行工作人员安排:

1. 服务预订

邀请宾客,同时需要落实酒会的时间、地点、人数和葡萄酒酒会上需提供的食品清单,以及宴会厅的布置等。

2. 工作岗位职责

与会的所有工作人员都应整理好个人的仪容仪表,了解宾客的风俗习惯、生活忌违、特殊要求等。

3. 场景准备

所需背景板、展台等,应根据酒会具体情况进行准备。

4. 检查

检查物品、场地、设备、安全隐患等情况。

三、葡萄酒酒具的准备

根据葡萄酒酒会接待策划案中确定的宾客人数和选择的葡萄酒品种,确定需要提前准备好的葡萄酒具。一般选择通用的酒杯,当然,如果有酒具赞助商,也可以使用他们提供的酒具。

酒杯需按照前述方法彻底清洗并擦拭干净,确保无污渍、无破损,以便获得良好的品鉴效果。另外,如果品鉴的是红葡萄酒,则需准备醒酒器;如果有白葡萄酒等品种,则需要准备冰桶等。海马刀等基本用具也要准备好。所有酒具均需有备用。

在酒杯的选择与斟酒方式上,要提前做好准备工作,并进行必要的人员培训。

四、葡萄酒的准备

在酒会开始前一小时,根据接待策划案中确定的葡萄酒的品种就需全部准备到位;如果有需要冰镇的葡萄酒,例如白葡萄酒、香槟酒等,应按照最佳饮用温度做好冰镇准备;红葡萄酒需提前醒酒。

五、葡萄酒酒会的其他物品准备

- 酒会开始前,应提供一些味道清淡的食物;
- 酒会开始后,提供矿泉水和白面包,用于清洁口腔;
- 摆放好吐酒桶,用来装客人们吐掉的酒;
- 为客人提供品鉴卡,用于记录品鉴体会;
- 提供布、锡箔纸或者袋子,用于盲品时遮盖酒标。

【课后练习】

以小组为单位,撰写一份有300位客户参加的法国"随时随地波尔多"葡萄酒酒会策划案。

活动2　葡萄酒酒会服务：酒会工作程序

【学习目标】

了解葡萄酒酒会的完整工作程序。

【情景模拟】

侍酒师小马、小李，和宴会部、酒吧的同事一起，正在为在酒店宴会厅的WINE100巡展努力工作。

小李："酒吧的同事，冰块送来了没有啊？"

酒吧同事："已经送了，装在冰桶中了，马上就可以冰冻白葡萄酒和起泡酒了。"

小马："宴会部的同事，请把清洗干净的酒杯放到入门的签到处，让参加酒会的客人自取杯子。"

宴会同事："放心，我们正在逐一检查杯子呢。"

下面，我们来学习酒会的工作程序。

【相关知识】

一、酒会开场服务

葡萄酒酒会开始时，所有酒会的工作人员都应该面带微笑，站在各自的工作岗位上热情地迎接客人的到来，并准备好随时为客人服务。

葡萄酒酒会分为站立式品鉴和餐桌式品鉴。

如果是站立式品鉴，则在酒会开始前，服务人员必须准备好所有的酒具，并在展台位置开酒，为品鉴的客人逐一斟倒葡萄酒。

如果是餐桌式品鉴，则应根据酒会的程序，按照品鉴的顺序把葡萄酒分别递送到客人面前。建议在备餐间里就把酒开好，斟好，然后用餐车推送或者托盘托送到客人面前，再分别礼貌递送。或者直接由侍酒人员在客人面前进行斟酒服务。服务的时候应谨慎小心，做到"三轻"，即"说话轻、走路轻、操作轻"。葡萄酒酒液滴洒在台布上、打翻葡萄酒等，都是非常失礼的服务行为。

二、酒会间服务

当酒会进入正常运作阶段，工作人员要注意保持会场及客人桌面的干净整齐，客人用过的杯子要及时撤走。服务人员还要及时为客人补充物品，例如适时添加清水、食物等。如果客人不慎打翻了酒杯等，要及时处理，以免影响到整个酒会的气氛。酒会间服务不可疏忽，要做好巡场服务工作，随时留意客人的需求并做好跟进服务。

三、酒会结束工作程序

1. 清点葡萄酒用量

酒会结束时，工作人员应该准确清点酒会上每种使用过的葡萄酒的用量，对照酒会策划案，逐项统计实际用量，并填写表格、做好记录，作为成本核算的依据。

2. 收尾工作

当客人全部离场后，工作人员应该马上把所有结余的葡萄酒和使用过的服务用具运送回酒吧，撤走相关的物品。剩余的葡萄酒要做好回库记录，避免混乱，以及因保存不当而导致葡萄酒变质。应彻底清理场地，使其尽快恢复原貌。应及时清洗酒杯、醒酒器等葡萄酒酒会上使用过的酒具。

【延伸阅读】

WINE100葡萄酒大赛

WINE100葡萄酒大赛是首个立足于中国消费者的专业葡萄酒比赛，以"专业，轻松，高品质"的理念，致力于用国际水准结合东方品味为消费者挑选出市场上品质最佳的葡萄酒。

该赛事的评审团队由代表葡萄酒行业世界最高水平的MW（Master of Wine）领衔，并邀请国内最资深的葡萄酒专家加入。所有的参赛酒将依照风格、产区、品种等依据分组，为保证每款酒都能被认真仔细地品鉴，每组酒的数量不会多于12款。在旧世界，产地是主要的参考依据，比如所有的波尔多酒会被划分在同一组里。在新世界，葡萄品种是主要的参考依据, 比如所有的澳洲西拉子会被划分在同一组里。对于一些受橡木桶影响较大的葡萄品种, 如霞多丽, 会按照是否使用橡木桶来分组。

WINE100葡萄酒大赛采用盲品的方式进行, 以保证比赛的绝对公正性, 评委只会被告知葡萄的品种, 葡萄酒的产区、酒精度以及含糖量。在盲品环节里, 价格信息是保密的, 以避免先入为主造成对葡萄酒品鉴的不公正。在编组时, 将按照酒商提供的零售价格将价格相近的酒编入同一组。在小组盲品里, 评委会为每款酒打分。打分采用小组讨论制, 评审团副主席会带领小组成员一起讨论后决定该款葡萄酒的最终得分, 并确定金银铜奖的奖项归属。在小组品尝结束后, 评委将重新品尝所有获得金奖的葡萄酒, 以决定特别奖的归属。

【课后练习】

1. 以下说法正确的是（　　　）

A. 葡萄酒酒会提供的葡萄酒都是品质较好的, 因此每位客人肯定都会全部品尝完毕。

B. 葡萄酒酒会如果提供的是红葡萄酒, 那么可以搭配提供牛扒等食物。

C. 根据接待策划案中确定的葡萄酒的品种在酒会开始前一小时应全部准备到位。

D. 葡萄酒酒会中如果有三款葡萄酒, 则可以一次用三个杯子分别放在客人桌上, 让客人自行挑选品尝的顺序。

2. 以下哪个不属于操作"三轻"（　　　）

A.呼吸轻　　　B.说话轻　　　C.走路轻　　　D.操作轻

活动3 认识葡萄酒酒单

【学习目标】

了解葡萄酒酒单的种类。

【情景模拟】

李经理打算为餐厅选配一些新的葡萄酒,交代侍酒师小马和小李更新一下酒单。

小李:"我借了一本其他酒店西餐厅的酒单,你看看,和我们酒店的排列很不一样呢。"

小马:"对啊,他们是按产区排列的,我们是按葡萄酒品种排列的。"

小李:"那我们要不要改成他们那种排列形式?"

小马:"要不我们先请示下经理吧。"

下面,我们来一同认识葡萄酒酒单。

【相关知识】

一、酒单分类

常见的葡萄酒酒单主要有以下几种类型:按照葡萄酒的类型排列的酒单、按照葡萄品种排列的酒单、按地域和产区排列的酒单和按照气味和酒体排列的酒单,还有一些酒单混合了上述这几种方法。

按照葡萄酒的分类排列的酒单　这种类型的酒单是按照葡萄酒的分类排列而成。一般会按用餐顺序,以起泡酒、白葡萄酒、桃红葡萄酒、红葡萄酒,最后为甜白葡萄酒收尾的顺序排序,这是最常见的一种酒单。在每个类别下,再按照国家、产区或葡萄品种展开。这种排列方式非常方便客人找到配餐的葡萄酒。

按照葡萄品种排列的酒单　这种类型的酒单是按照酿制葡萄酒用的主要葡萄品种组织而成。如霞多丽、赤霞珠、黑皮诺等，它可能还会按照国家或产区进一步细分。部分消费者在点选葡萄酒时，习惯先考虑葡萄品种，再看原产地。

按地域和产区排列的酒单　按地域和产区排列的酒单，主要是指按葡萄酒生产国排列，如法国、美国、德国、澳洲等，这是一种传统型的葡萄酒酒单。如果要查找某个国家的酒，使用这种类型的酒单就非常方便了。比如你要想寻找法国葡萄酒，那么翻到"法国"这一页，你就会找到诸如波尔多、勃艮第等产区。同样，如果你要找美国葡萄酒，只需翻到"美国"这一页，加州纳帕谷、洛迪等等产区就会出现了。

来自新世界产区的大部分葡萄酒都会列明葡萄品种，但是旧世界产区的葡萄酒比较关注葡萄酒的产地，很少会列出葡萄品种。对于葡萄酒爱好者而言，这或许不是个问题，但对于部分新手，这种酒单就是天书了。所以，在设计酒单之前，必须先对餐厅一般客户的葡萄酒水平做全面了解，才能做出正确决定。

按照气味和酒体分类的酒单　这种酒单是一种相对新的类型，根据葡萄酒气味和酒体的不同分类组织而成。其中比较典型的分类是按干型轻酒体白葡萄酒、轻酒体红葡萄酒或是重酒体红葡萄酒等来分类。这样的分类可以帮助用餐者比较便捷地寻找到他们想要的葡萄酒，然后在相同风味的酒体的列表中选择一款符合心意的。

二、葡萄酒酒单包含的内容

每家餐厅的酒单设计可能各不相同，但其内容却大同小异，主要有以下几项：

产地与描述　包括葡萄酒生产国、产地、葡萄酒的类别、年份及生产的酒庄名称等信息。

数量　葡萄酒酒单上的价格大致可按一瓶、半瓶、单杯三种方式来标注：如果酒单只标示一个价位，则通常是指一瓶（750ml）的价格；如果是半瓶（375ml），会特别标记；如果还有提供单杯的服务，旁边就会标明单杯的价格。

价格　葡萄酒酒单上对各类葡萄酒必须明码标价，以便让客人心中有数，自由选择。例如：

法国波尔多拉利干白2010　一瓶/360元　半瓶/220元　单杯/90元

酒款介绍：该葡萄酒具有柠檬、柚子及四溢的洋槐花香，口感柔和轻盈，适合搭配海鲜和沙拉等清爽美食。

【延伸阅读】

点酒要诀

如果用餐的目的是为了享受美食美酒，那么可以遵循简单的白肉配白酒、红肉配红酒的原则；如果希望获得完美搭配，则需要深入了解菜肴和葡萄酒的口味，让餐厅的侍酒师作详细讲解；如果不想浪费时间去解读那本犹如天书般的酒单，又需要快速点到一瓶性价比、口味都不赖的葡萄酒，那就找到那些既按杯又按瓶在售卖的葡萄酒，来一瓶这个吧！

香槟是众所周知最适合欢庆场合的酒款，无论是新年前夜、生日派对还是好友相聚，点一瓶香槟都最宜景宜情。香槟还是最百搭食物的酒款，不论是开胃前菜、清蒸海鱼还是碳烤牛排，都可以香槟来衬托。

如果要选择一瓶清淡款的白葡萄酒，可选择Sauvignon Blanc（Sancerre, Pouilly Fume），Chablis, 德国干性Riesling等国际名品；如果想品尝浓郁饱满的白葡萄酒，可以选择法国波尔多、勃艮第、隆河谷白葡萄酒，加州或澳大利亚Chardonnay等；如果想喝一瓶果味充足、口感清淡的红葡萄酒，那么大区级、村级及一些一级的勃艮第红酒，新西兰Pinot Noir，及意大利Barbera, Dolcetto, Valpolicella等葡萄酒是不二选择。

如果需选择一款可以让生意伙伴印象深刻的葡萄酒，那么知名产区的酒款就要出场了。一些波尔多3、4或5级名庄的酒款价格不太贵，却与赫赫有名的拉菲、拉图、玛歌、木桐及侯伯王们位于同一产区排级中。

桃红葡萄酒已在数个研究中餐配酒的活动中被选为搭配中餐的最佳葡萄酒款。阳光明媚的中午，如果你坐在户外用餐，不妨冰镇一瓶桃红葡萄酒，既佐餐又浪漫。

作为老饕级酒客，虽然阅读一本优秀的酒单的乐趣不亚于穿梭于葡萄园中，但如果没有时间慢慢研究，最好的选择就是直接翻到那所有饮酒人的最终朝圣地——勃艮第，无论是选择一瓶Meursault一级园白，还是一支Gevrey Chambertin村级，都会赢得友人们的赞赏。

如果不怎么懂酒，那么选定产区或葡萄品种后，再选价位略高于最便宜酒款的那一只吧。

当然，终极必杀技就是直接告诉侍酒师，给我来一瓶你们的House Wine！

【课后练习】

1. 葡萄酒单包含哪些内容？
2. 尝试阅读西餐厅的酒单。

活动4　撰写葡萄酒酒单

【学习目标】

初步掌握葡萄酒酒单的撰写方法。

【情景模拟】

小麦："经理,为什么有些国外餐厅的酒单厚得像一本天书? 客人要怎么从中挑选自己喜欢的葡萄酒呢?"

李经理:"小李,这你可不懂了。作为一家高档餐厅,特别是米其林星级餐厅,常常是会根据餐厅的菜肴精心设计酒单的。因为酒水的利润率高啊,一位好的侍酒师能为餐厅赚的钱不亚于名厨呢。"

小李:"经理,看来如何设计酒单也是一门学问啊!"

下面我们一起来学习撰写葡萄酒酒单吧。

【相关知识】

一、撰写葡萄酒酒单之前的研究工作

葡萄酒酒单是餐厅经营的灵魂之一,人们往往根据菜谱和酒单的描述来挑选食物和酒,故酒单的撰写是一项技巧与艺术相结合的工作。但在撰写酒单前,必须先进行下列研究工作:

1. 餐酒搭配研究

餐厅里,葡萄酒酒单必须能和菜单很好地配合。所以,侍酒师必须定期与经理、主厨一起进行餐酒搭配品尝,从中找出最适合与某一道菜搭配的酒款,并把其加入酒单。

2. 客户研究

侍酒师必须通过与光临本餐厅的客户之间的沟通,了解客户对葡萄酒的认知及对酒

单阅读是否存在问题。因为酒单的作用是方便客户查找葡萄酒的，所以酒单究竟应该用葡萄品种排序、用产区排序，还是用葡萄酒的品类排序，都必须按照最方便客户的原则来决定。例如光顾餐厅的客户如果多数属于葡萄酒爱好者，则建议用产区排序；但如果只是对葡萄酒的认知程度一般的消费者，则建议以葡萄品种或葡萄酒的品类排序。

除此之外，还要研究客户的葡萄酒消费能力如何，从而决定葡萄酒的价格。

3. 供应商研究

侍酒师还要与采购部门一起确定葡萄酒的供货时间、供应商存货量等因素。如果供应商存货量不足，或供货时间长，容易造成该款葡萄酒断货，影响餐厅的正常运营。

二、确定酒单酒款

根据之前研究的结果，侍酒师按葡萄酒与菜式配合度、价格合理度、能否持续供货等标准确定酒单上的酒款。一家餐厅的酒单上，葡萄酒数量可以从几十款到上千款不等，一切均取决于该家餐厅的经营理念和经营目标。

三、酒单设计

一份好的葡萄酒酒单，要给人秀外慧中的感觉，其形式、颜色等，都要与餐厅的风格、气氛、服务水准相适应。

1. 规格与字体

酒单封面通常印有餐厅名称和标志，无论是封面还是里层，所用图案均需精美，且与餐厅的经营风格相适应。

酒单的尺寸要与餐厅销售品种的多少相对应。

酒单上的各类品种一般用中英文对照，以阿拉伯数字排列编号并标明其价格。

酒单的字体须端正，使客人在酒吧的光线下容易看清。酒类品种的标题字体与其他字体须有所区别，既美观又突出。

2. 纸质选择

酒单的印刷要考虑到其耐久性和美观性，重磅的铜版纸或特种纸是最佳选择。纸张要求厚，具有防水、防污的特点；纸张的颜色有纯白、柔和素淡、浓艳重彩之分，可通过不同色纸的使用使酒单增添不同色彩；纸张可以切割成最常见的长方形或正方形。

3. 排版

排版时，建议将受客人欢迎的酒品或重点推荐的酒品放在前几项或后几项，即酒单的首尾位置。

【延伸阅读】

拥有《勃艮第葡萄酒之书》酒单的餐厅

位于巴黎的Les Climats是一家米其林一星级餐厅，它只提供勃艮第出产的2260款葡萄酒，这些酒款由301个勃艮第酒农提供，售价从25欧元到上千欧元不等。凭借17000瓶的酒窖藏酒，Les Climats在2017年夺得了《葡萄酒观察家》杂志的三支酒杯奖，成为全球获此殊荣的89间餐厅之一。

该餐厅的酒单厚达250页，不仅包括了勃艮第及博若莱产区大小酒农的红、白佳酿，还收录了十分稀有的勃艮第桃红葡萄酒和甜酒。酒单被客人们称作《勃艮第葡萄酒之书》，制作十分精良。酒单为每一个子产区都配上了简单易懂的地图，不仅方便爱好者学习，也便于侍酒师进行现场推荐。他们还将为餐厅提供葡萄酒的酒农名单列在酒单末尾的附录中，向他们多年来的辛勤耕耘致敬，也让这本酒单成为名副其实的"勃艮第大全"。

【课后练习】

1. 酒单设计应包括哪些内容？
2. 请简述酒单制作的注意事项。
3. 案例分析：圣诞节即将来临，一家小型西餐厅即将开业，请你结合本章知识，协助餐厅撰写一份葡萄酒单，并说明设计依据。

【参考书目】

1. 林裕森.葡萄酒全书[M].中信出版社,2010.

2. 英国葡萄酒烈酒基金会.葡萄酒与烈酒：博学美酒（修订版）[M].2011

3. 英国葡萄酒烈酒基金会.葡萄酒品鉴：认知风格与品质[M].2016.

4. 新西兰葡萄种植与葡萄酒酿造协会.新西兰葡萄酒认证课程第二级[M].

5. 吴书仙,庄臣.葡萄酒佐餐艺术[M].上海人民出版社,2012.

6. 石田博.你不懂葡萄酒[M].张暐,译.江苏凤凰文艺出版社,2016.

7. Linda Johnson-Bell.Pairing Wine and Food[M].1999.

【图片作者名录】

陈传光；陈杰斌；姜泓潞；李灿辉；李挺山；摄图网；孙娜娜；万晟；钟博文；pixabay